여섯 다리를

지켜보면

세상이 보입니다

여섯 다리를

지켜보면

세상이 보입니다

박용철 지음

일러두기

* 곤충학·식물학계에서 통상적으로 사용하는 박주가리과, 호랑나비과, 뿔나비과, 뱀눈나비과 등은 한글맞춤법에 따라 사이시옷을 넣어 표기하도록 한다.

작가의 말

농촌에서 태어난 저는 어린 시절부터 벌레를 많이 만났습니다. 그 당시 아이들 대부분이 그랬듯이 벌레는 장난감 또는 친구 같은 존재였습니다. 소를 방목하던 시절이라 삽을 들고 들에 나가면 소똥 밑에서 큼지막한 소똥구리를 잡을 수 있었습니다. 종일 소똥구리를 데리고 놀았습니다. 살금살금 다가가 나뭇가지에 앉아 있는 잠자리도 잡곤 했습니다.

어린 날의 놀이와 생활이 저의 무의식을 움직였는지 벌레를 전공하게 됐습니다. 미국에서 곤충학으로 박사학위를 취득하고 국내 대학에서 근무하면서 벌레를 사진에 담는 일을 꾸준히 해왔습니다.

벌레는 지금까지 세계적으로 백만 종, 우리나라에는 만여 종이 살고 있는 것으로 알려져 있습니다. 앞으로 새로운 종이 얼마나 더 나올지 아무도 모릅니다. 벌레는 지구 어느 곳에서도 쉽게 발견할 수 있습니다. 끓어오르는 온천수 주변에서도, 영하 수십 도 이하인 극지에서도, 높은 산에서도, 바닷가에서도, 사막에서도 벌레는 스스로 자연에 적응해 가며 잘 살아가고 있습니다.

종이 많고 사는 곳이 다양하기 때문에 그만큼 많은 벌레 이야기가 있게 마련입니다. 벌레를 자세히 관찰해 보면 인간 세상을 다 볼 수 있을 것 같습니다.

소다수를 좋아하는 개미는 버려진 깡통 속을 들락대다 그만 쓰레기차에 실려 갑니다. 집도 목숨도 잃는 상황에 처합니다. 때로 인간은 잡기와 향락에 쉽게 빠져듭니다. 인간도 개미와 크게 다를 바 없는 그냥 평범한 생물의 한 종이라는 생각을 하게 됩니다.

부지런한 이미지로 부각되어 온 꿀벌은 혹사당하고 있지요. 인간이 꿀을 자주 거두어갑니다. 꿀벌은 더욱 열심히 꽃을 찾아야 합니다. 과로로 인해 꿀벌은 일찍 생을 마감합니다.

불결하다고 여기는 파리는 궤양이나 종양을 먹어 치웁니다. 이른바 구더기 요법이 나온 지도 오래되었습니다. 파리는 화분 매개에도 중요한 역할을 합니다.

벌레는 품질이 아주 좋은 단백질원입니다. 바퀴벌레는 앞날을 위한 대체식량으로 이야기되고 있습니다. 동남아에서는 식용 귀뚜라미 산업이 번창하고 있으며, 북미에서는 식용벌레를 대량으로 키우는 사업이 자리를 잡아가고 있습니다.

날씨가 좋으니 들로 가볼까요? 온갖 벌레가 나와서 볕을 쬐고, 먹고, 사랑을 나눕니다. 벌레의 사랑은 노골적이고 뒤끝이 없습니다. 메뚜기는 한껏 먹고서 양지에서 배를 쭉 내밀고는 사색을 즐깁니다. 시를 쓰는 것인지도 모릅니다.

무당개구리가 갑자기 웅덩이에서 뛰어오릅니다. 한 생명이 순식간에 무당개구리 배 속으로 들어갔지요.

차가 시골길을 쌩쌩 달립니다. 바닥에 있던 나비 몇 마리가 그대로 옆으로 눕습니다. 고속도로를 달리다 보면 차에 부딪혀 머리를 잃은 잠자리가 자동차 바람에 쓸려 뒹굽니다.

백만 종이 넘는 벌레의 삶은 우리 인간사 못지않게 파란만장합니다. 지금부터 그 세상을 한 번 들여다보겠습니다.

차례

Part 01.

생물은 한자리에 머물지 않습니다

Part 02.

살아간다는 건
그 누구에게도
녹록지 않습니다

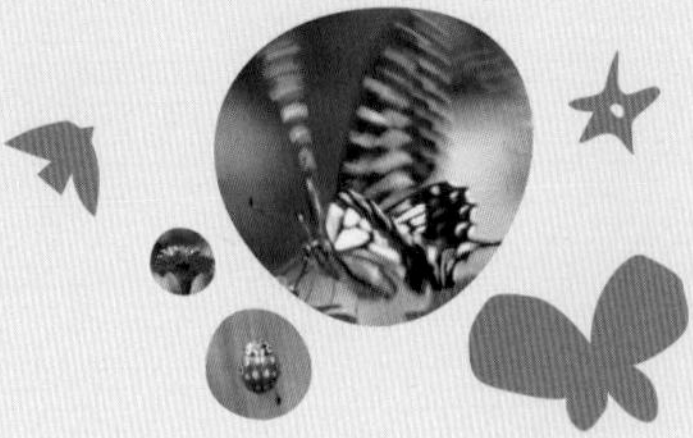

Part 03.

홀로 존재하는 것은 없습니다

Part 01.

생물은 한자리에 머물지 않습니다

버들강아지

얼음이 채 녹지도 않았는데 버들강아지가 개울가로 몰려나와 몸을 씻습니다. 온몸에서 뿜어 나오는 열기가 골짜기를 가득 메우고도 넘쳐서 산허리를 타고 오르며 그늘에 쌓인 눈을 녹입니다.

암수딴그루이기에 암꽃을 만난 적이 없는 버들강아지 수꽃이 다투어 모습을 드러내 보이려고 애를 씁니다. 수꽃은 몸을 부풀리며 반들반들한 털 사이에 있는 붉은 주머니를 터트려 노란 꽃가루를 잔뜩 내보입니다. 암꽃은 봄을 느끼지 못하는 척 털이 촘촘히 박힌 갑갑한 외투를 걸치고 있습니다. 날아와 앉은 벌레는 암꽃이 무슨 생각을 하고 있는지 잘 알고 있을 것입니다.

버들강아지

고만고만한 버들강아지 늘어서
향 올립니다
침침한 개울에 길이 납니다
골짜기 겹겹이 언 하늘 열리고
휘휙 네발나비 뿔나비 작은 새가
그늘에 눈길 줍니다
내일이면 비탈밭 타는
농부 냄새 가득 오르겠네요

혹시나 하고

봄바람을 타는 나비처럼 작은 새가 잠시도 가만히 있지 않습니다. 가까이에서 제대로 잡고는 싶은데 달리 방법이 없어 미리 한 곳에 초점을 맞춰 놓고, 작은 새가 적선 베풀기를 바랄 뿐입니다.

작은 새는 뒤늦게 움트는 봉오리를 따 겉껍질을 버리고 연한 속을 먹는 것 같습니다.

작은 새의 이름을 알아냈습니다. 뱁새로 더 많이 알려진 붉은머리오목눈이입니다. 제가 생각하기에 다소 운명론적인 우리나라 속담 중에 '황새와 뱁새'의 그 뱁새는 곡예비행을 잘할 수 있는 훌륭한 날개를 가지고 있습니다. 가랑이 걱정은 애초부터 하지 않았답니다. 몹시 잘난 척하던 그 황새는 우리나라에서 멸종했다지요!

과거에는 평균과 지식을 중요하게 생각했습니다. 중간에 대충 묻어 사는 사람들의 세상이었습니다. 지금부터는 개개인의 개성과 역량을 잘 가꾸어야 합니다. 쉽게 공유할 수 있는 지식이 넘쳐납니다. 전문지식도 어렵지 않게 습득할 수 있습니다. 이 지식들을 잘 활용할 줄 알아야 합니다. 적당하게 묻어 살기를 고집한다면 설 자리가 없어집니다. 선택지가 무수히 많기에 굳이 다리 길이로만 우열을 가리는 편협한 세상으로 들어서야 할 이유는 없습니다.

자신을 믿고 자신을 잘 가꿔 봅시다.

붉은머리오목눈이

작은 가랑잎

바람에 내내 몰리다

면도하고

개나리 덤불에 뚝 선다

팡팡팡팡팡 심장 울림

쭈뼛쭈뼛 봉오리들

푸악

숨을 터트린다

겨울이면 어른 무당벌레는 무엇을 할까요

늦가을, 아침 안개가 짙으면 오후가 되면서 하늘이 깊이를 더합니다. 홀로 지내던 무당벌레*Harmonia axyridis*가 한데 모여 겨울잠 잘 만한 곳을 찾아 나섭니다. 주로 양지가 있는 고가나 인적이 드문 높은 건물을 찾습니다. 일단 겨울잠 자리로 정하면 무당벌레는 해마다 같은 곳을 찾습니다. 늦가을에 무당벌레가 몰려든다고 내쫓거나 약을 해봐야 소용이 없습니다. 무당벌레는 계속 몰려옵니다. 한 보름 정도 참으면 무당벌레는 건물 틈 속으로 사라집니다.

겨울잠을 자는 동안 서로들 살갑게 몸을 맞대고 지냅니다. 생강나무 꽃이 노랗게 필 무렵이면 무당벌레들은 잠에서 깨어납니다. 무당벌레는 변심한 사람처럼 뒤도 돌아보지 않고 각자의 길을 갑니다.

무당벌레가 잠자리로 정한 곳은 우주가 점지해 준 명당자리입니다. 선량한 무당벌레와 겨울을 함께했다면 좋은 일이 더 많이 생길 겁니다.

가끔 사람들이 저한테 묻곤 합니다. 무당벌레가 감자나 가지 잎을 먹지 않느냐는 것이지요. 무당벌레는 종에 따라 먹이가 다릅니다. 큰이십팔점박이무당벌레는 감자, 가지, 까마중과 같은 식물의 잎을 좋아합니다. 또 노랑무당벌레는 흰가룻병원균 균사를 먹습니다. 무당벌레의 어른벌레와 애벌레는 모두 육식성입니다. 이들은 진딧물을 먹으며 농부들에게 많은 도움을 줍니다.

사진 속 엄마 무당벌레와 아기 무당벌레는 생김새가 영 딴판입니다. 까망 주황 가시투성인 무당벌레 애벌레는 몸은 물론 마음까지 철저하게 바꾸어야만 아름다운 모습을 한 어른벌레가 됩니다. 이것을 완전탈바꿈이라고 합니다.

늦가을
무당벌레

안개가 이른 새벽에 일어납니다
한나절이 될 때까지 온 곳을 쓸고 닦습니다
기다렸다는 듯 하늘이 그 높은 문을 엽니다
산국 바람에 물든 노박덩굴 나래가
길을 따라 주홍 구슬을 흔듭니다
무당벌레가 점점이 길을 타고 내려옵니다
밤나무 하나 오래 선
산기슭 게딱지
손이 따신 할머니 할아버지와
온 겨울을 함께하겠답니다

무당벌레

또르르

옥수수 잎에서 구르며 놀다가

강낭콩에 떨어질라

싹

날개를 펴고 올라 보니

통통 옥수수에 매달려

내 진딧물 마구 먹어대는

까망 주황 가시 애벌레

누구일까

침묵

칠성무당벌레 애벌레는 지금까지 바쁘게 돌아다니며 진딧물을 찾았습니다. 때가 되었습니다. 마음을 단단히 먹고 한자리에 몸을 고정합니다.

이제 허물을 벗고 번데기가 됩니다. 번데기 안에서는 치밀하게 계획한 일이 빠르게 진행됩니다. 번데기 껍질 속에 몸을 보호할 앞날개와 잘 날 수 있는 뒷날개를 만들어 놓습니다. 하지만 겉으론 드러내지 않습니다. 미세한 움직임조차 자제한 채 침묵만 흐릅니다. 침묵은 어른벌레가 되면서 깨집니다. 어른벌레는 점이 딱 일곱 개 있습니다.

허물벗기를 갓 끝낸 어른벌레나 번데기는 애기똥풀 꽃처럼 샛노랗습니다. 시간이 좀 지나면 몸이 단단해지면서 본래의 색을 띱니다. 사진은 칠성무당벌레의 애벌레가 막 허물을 벗고 번데기로 변하는 모습입니다.

만약 칠성무당벌레 번데기가 침묵으로 시종일관한다면 어른, 진짜 어른이 되지 못한 채 삶을 그만두었다는 것을 의미합니다. 기생자가 칠성무당벌레의 몸과 마음을 앗아갔기 때문입니다. 벌레의 세상도 인간사와 크게 다를 바 없지요.

이제 용어 정리를 좀 해보겠습니다.

무당벌레라고 하면 무당벌레라고 하는 한 종으로, 다른 무당벌레 종이나 무당벌레 무리 전체를 말하는 것으로 이해할 수 있습니다. 우

리가 가장 흔히 보는 종인 무당벌레의 이름이 무당벌레이기 때문입니다. 대표선수의 이름을 빌려 국내 80여 종이나 되는 무당벌레가 모두 무당벌레가 되는 셈이지요. 예를 들면 칠성무당벌레를 그냥 무당벌레라고 부릅니다. 마치 "밥 먹자" 하면 '밥'이 쌀밥, 콩밥, 칼국수, 햄버거 등을 의미하듯.

신선과 나귀

신선이 등짐 지고 적유령을 넘는 나귀에게 말을 붙였다

"넘어도 나귀 아닌고?"

곽산에서 잠시 머무르다 신선과 나귀는 함께 어디론가 갔다

한참이 지났다

등짐에다 양손 가득 짐을 든 인간이 줄줄이 백두대간을 오르내린다

영 길든 나귀인 양

고추잠자리

잠자리는 외형과 색깔이 비슷비슷해 종을 구분하기가 쉽지 않습니다. 배 부분이 붉어 고추잠자리라 생각하는 잠자리가 많습니다. 하지만 진짜 고추잠자리 수컷은 날개 대부분을 빼고는 온통 잘 익은 고추 색입니다. 반면에 암컷은 새빨갛지 않아 다른 잠자리와 헛갈립니다. 하나잠자리 수컷도 고추잠자리 수컷처럼 온몸이 붉습니다. 날개 기부에 적갈색 무늬가 더 넓게 퍼져 있으면 하나잠자리로 보면 됩니다.

조선 후기의 가객 이정신이 지은 사설시조 「밝가버슨 兒孩들이」에는 발가숭이 아이들이 거미줄 잠자리채 들고 발가숭이(동음이의어, 잠자리)를 보고 '이리 오면 살고 저리 가면 죽는다'고 노래하는 내용이 있습니다. 서로 구분이 되지 않는 발가숭이가 발가숭이를 해코지하는 세태가 작가 눈에는 딱하게 보였던 모양입니다.

비슷한 시기에 활동했던 학자 이덕무는 「잠자리」에서 잠자리를 전혀 다르게 봅니다. 멱을 감는 아이는 웅덩이를 어지럽히며 오리를 몰고 이에 질세라 잠자리는 아이들을 뒤쫓는 내용입니다. 이덕무의 「잠자리」는 그야말로 맑은 그림 한 편입니다.

고추잠자리

머리부터 꼬리 익어 고추잠자리

고추잠자리 마음도 익어

한눈에 사물을 참되게 보고 살고

날개는 맑아

그늘 작게 드리우고

잠자리

잠자리가 가지에 앉아 연신 머리를 움직입니다. 배가 고픈가 봅니다. 주변에 작은 벌레가 날고 있으면 갑자기 튕겨 나가 덮칩니다. 잠자리는 눈이 아주 좋습니다. 앞, 좌우, 위와 아래를 동시에 보지요. 뒤쪽도 볼 수 있지만 다른 방향을 보는 것보다는 못한 것 같습니다. 아마도 뒤는 신경을 덜 쓰기 때문이 아닌가 싶습니다.

경험해 보셨겠지만 잠자리가 크고 날카로운 턱으로 손가락을 물어버리면 아주 아프답니다. 3억 년 전에는 양날개와 몸통을 합친 폭이 70cm 이상이나 되는 잠자리가 살았습니다. 이때 포유류 조상이 막 태어났습니다. 아주 작았습니다. 잠자리는 인간의 조상을 배불리 먹었겠지요.

역사는 돌고 돕니다. 어느 날 잠자리가 이렇게 잠꼬대를 할지도 모르겠습니다.

"인공지능 칩 하나 삼키고, 유전자 조작 조금 했지."

"질린다, 질려. 저기 털을 뽑고 나와 줄 서고 있는 밥들……."

잠자리

나뭇가지 잠자리

낮잠을 자리

내가 찾아가면 낮잠을 자리

뒤에서 살금살금 다가가

꼬리를 살그머니 잡는다네

조금 있다가 놓아준다네

놓아줘야 한다네

잠자리를 괴롭히면

오늘밤부터 내 잠자리가 편하지 않지

참매미

숲도 푸르고 햇볕도 여전한데 매미 소리가 들리지 않습니다. 매미는 갔습니다. 아, 아니군요. 알에서 깨어난 새 생명이 소리 없이 땅을 파고 들어갑니다. 득음하러!

매미는 일생의 대부분을 애벌레 상태로 땅속에서 살아갑니다. 애벌레는 식물뿌리에 붙어 수액을 먹다가 여름철에 땅에서 나와 어른벌레가 됩니다. 어른벌레는 대략 한두 주 정도 살지요. 매미는 수액을 힘들여 빨지 않아도 쉽게 먹습니다. 고로쇠나무에 상처를 내면 수액이 절로 흘러나오듯, 매미가 나뭇가지에 빨대를 꽂으면 수액이 매미의 소화관 속으로 잘도 흘러들어 갑니다. 이제 오줌싸개인 매미가 할 일은 오줌을 자주 누는 것입니다.

오래 사는 매미도 있습니다. 북미 지역에는 애벌레로 13년 또는 17년을 사는 종이 존재합니다. 그러니 이 두 매미의 어른벌레는 13년 또는 17년마다 한 번씩 나타납니다. 흔히 종족 번식을 쉽게 하고 천적을 피하기 위해 그럴 것이라고 말을 하지만, 다 억측이지요. 애벌레가 땅속에 있다고 해서 포식자나 벌레를 죽이는 병원균이 없는 것은 아닙니다. 공부를 좀 더 해야 이유를 밝힐 수 있겠습니다.

고갯마루
참매미

해는 긴 비에 쫄딱 젖은 하늘을
애써 말리고
도토리나무 감아 오른 등나무에 애매미
잎 시리게 쳐대는데
날이 밝기도 전에 요란 떨던 참매미는
한숨 쉬러 갔나
마을 입구 느티나무께 안겨 잉잉대고 있네
여름이 뭐라 했나

홑눈은 무슨 일을 할까요

매미의 옆머리에는 겹눈인 큰 눈 두 개가 있습니다. 거기다 겹눈 사이 정수리에 석류 빛 도는 작은 눈이 세 개 있습니다. 정수리에 난 이 세 눈을 홑눈이라 하지요.

홑눈은 벌레에 따라 없는 경우도 있고 있으면 세 개까지 있습니다. 홑눈마다 렌즈가 하나씩 있는데, 시신경에 빛을 정확히 모아 줄 정도로 정교하지는 않습니다. 그래서 홑눈은 제대로 된 상을 만들 수 없습니다. 그렇다면 홑눈의 용도는 무엇일까요?

벌레는 갑자기 다가오는 포식자의 그림자를 잘 알아챕니다. 그것은 홑눈이 빛의 밝기 변화를 잘 느끼기에 가능한 일이지요. 홑눈은 근육을 긴장시켜 벌레가 날거나 뛰어오를 준비를 할 수 있게 해줍니다.

홑눈의 역할은 이뿐만이 아닙니다. 생물은 자기만이 갖는 일주기가 있지요. 일주기는 하루, 즉 24시간을 주기로 하는 리듬을 말합니다. 즉 생체리듬이라고도 합니다. 여러분도 가지고 있습니다. 벌레도 당연히 생체리듬을 가지고 있는데, 이를 조절하는 역할을 홑눈이 한답니다. 해질 무렵에만 허물을 벗는다거나 밤에만 날아다니는 행동이 생체리듬을 따르는 것입니다.

벌은 먹잇감이 있는 곳과 집을 잘 찾습니다. 벌은 홑눈으로 편광을 볼 수 있어, 수평선과 지평선 방향을 정확히 알아냅니다. 덕분에 목적지를 혼동하지 않습니다.

코맹맹이

가을로 들어선 한밤 더위

창 열고

열은 바람 타는 잠

빗방울 두엇 달고 날이 밝아온다

홑이불 참매미

어디 한번

맹맹맹

오줌싸개가 어쩌다 축구경기를 보더니만

저는 매미충입니다. 매일 풀이 가득한 시골에서 살다 보니 다른 세상의 일이 궁금해질 때가 있습니다. 저도 이제 큰 도시로 가서 뭘 좀 보고 느껴야겠어요.

저처럼 공을 끼고 사는 인간이 있네요. 축구라는 운동을 한다네요. 구경이나 한번 해보려고요. 치사하게 달랑 공 하나만 가지고 놀다가 자기들끼리 치고 박고 다투더니 "끝났어!" 하고는 다들 집으로 갑니다.

저도 집으로 돌아왔습니다. 방금 좋은 생각이 떠올랐어요. 발로 차면 시시하니 엉덩이로 공 연습을 해야겠어요. 우선 물구나무를 섭니다. 다음은 오줌으로 공을 만듭니다. 가다가 뚝 떨어지는 드롭킥을 보여 줄게요.

"차, 슌, 차 븅, 슌 슌."

"슛! 아이고, 조금 더 가다 떨어졌어야 하는데……."

처음 하는 일이 어디 마음에 쏙 들 수 있겠어요? 제가 다음에 만나면 멋진 솜씨를 보여줄 테니 꼭 놀러 오세요. 그동안 전 엉덩이 근육을 더 키워 놓겠습니다.

"안녕."

참, 매미충에 대한 소개를 못 했네요. 우리는 크게 보면 매미 무리에 속합니다. 그러니 코딱지만 한 매미로 보면 됩니다. 몸길이는 한 1cm 정도 됩니다. 눈곱만 한 애들도 있답니다.

이제 정말로 인사해야겠습니다.

"안녕."

매미

산그늘에 슬그머니 들어

쉬

애앵 앵

시덕 시덕 털퍽

쉬

앵 앵

쉬

찌릿 찌 털퍽

문지방을 넘어도 더워

낮에는

도둑게

"씩~ 말고 히~ 하~ 해봐, 너."

도둑게는 늘 씩 웃고 다닙니다. 도둑게는 해안가 바닷물에 산란합니다. 유생 기간을 거쳐 게다운 모습을 하게 되면 도둑게는 육지에서 살아갑니다. 가끔 어부가 사는 집에 들러 밥풀, 고등어 뼈, 닭똥, 과일 껍질을 주인 허락도 없이 먹는다고 해서 도둑게라는 이름이 붙게 되었답니다.

우리나라 해안가에서 볼 수 있는데, 도둑게가 바다나 육지로 이동하는 중에 차바퀴에 깔려 죽는 경우가 많다고 합니다. 외국에서는 게가 마음 놓고 다닐 수 있도록 게 전용로를 마련한다고 들었습니다. 여기에다 드론까지 일상화되는 시대가 오면 사고로 죽는 도둑게는 줄어들겠지요.

"히 하, 히 하."

도둑게

크게 웃어 봐

씩

그러지 말고

씩

내가 아껴 둔 수박 껍질 어디 갔어

씩

너를 먹으면 변신술사가 될 수 있다고 퍼트린다

씩

그럼 최강이다

너를 천연기념물로 지정한다

씩

씩

게임 없다

"철퍽철퍽, 푸우~"

씩 씩

눈동자

생물마다 눈의 구조와 기능에는 많은 차이가 있습니다. 매는 먼 곳에 있는 먹이를 확대해서 볼 수 있는 눈을 가지고 있고 두더지는 눈이 있으나 사물을 볼 수 없으며, 인간은 세 가지 원색을 보고 갯가재는 인간보다 몇 배나 많은 원색을 봅니다. 플라나리아는 밝기만 알아챌 수 있는 단순한 눈을 가졌습니다. 또 어떤 벌레는 머리 양쪽에 몇에서 수천 개, 때로는 수만 개에 이르는 작은 눈이 모인 겹눈이라고 하는 커다란 눈을 가집니다.

좀사마귀의 투명한 겹눈에는 흑점이 하나 있습니다. 이 흑점이 눈동자처럼 보입니다. 흑점은 우리가 보는 각도에 따라 위치가 변합니다. 가운데를 보다가 갑자기 아래를 보고 이번에는 옆을 봅니다. 하지만 흑점은 실제로 존재하지 않습니다. 반사되는 빛에 의해 나타나는 착시현상입니다.

가을이면 사마귀가 눈에 자주 띕니다. 알을 낳기 위해 여기저기 돌아다니기 때문입니다. 사마귀를 밟지 않았으면 합니다. 사마귀가 눈을 깔고 있으면 무언가 생각에 잠긴 듯하고, 정면으로 보는 모습에는 슬픔이 엿보이기도 하지요. 사마귀도 가을을 많이 타나 봅니다.

비 내린 가을밤

풀 한 포기 모르는 포장길

바쁜 걸음

종일 비 맞는 가을 나무 지나며

눅눅히 물들고

가득한 달빛 오면

서

누워

절로 타는 잎

훈훈한 내음에

취한 바람 감아 들고

뿔난 박각시

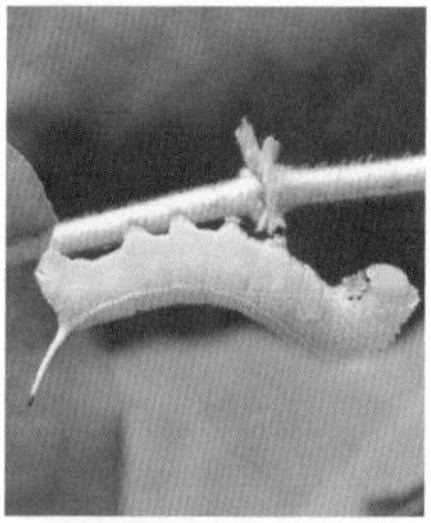

박각시는 두 무리로 나눌 수 있습니다. 사진 속 박각시 어른벌레는 주로 밝을 때 활동하는 종입니다. 반면 저녁 무렵에 꽃을 찾는 종들은 낮에 움직이지 않습니다.

박각시는 큰 나방인데 힘이 좋아 날아다닐 때 붕붕 소리가 납니다. 꽃꿀을 빨 때 앞다리를 꽃에 살짝 걸치고 정지비행을 합니다. 공중에 정지한 상태에서 꿀을 빨아먹는 벌새를 연상케 합니다. 꽃에 편히 앉아 식사하는 경우는 아주 드물다고 할 수 있습니다.

박각시 애벌레는 엉덩이에 큰 뿔이 하나 나 있습니다. 행운을 가져다주는 유니콘처럼요. 어쩌면 박각시 애벌레는 뒤로 몰래 행운을 가져다주는 벌레가 아닐까 싶습니다.

꿈같이 아주 어린 시절, 박각시가 오는 저녁이면 밥에 섞인 강낭콩(당콩)을 슬쩍 골라내고 밥을 먹었습니다. 그런데 오늘따라 '당콩밥'이 부쩍 당기네요. 박각시가 길을 터주어 알게 된, 백석 시인의 시 「박각시 오는 저녁」에서처럼 '강낭밭에 이슬이 비 오듯 하는 밤'을 흐르기만 하는 시간에 띄워 봅니다.

뽈난
박각시

여름이 저녁 문을 활짝 열고

이슬이 몰려와 강낭에 올라

무리 지어 간드락거리는 별을 뒤적이는데

풀 죽은 뽈난 각시

산을 들썩이던 매미 가듯

오지 않는 바가지 꽃

옛날에, 그리 멀지 않은 옛날에 청구에서는

옛날 청구에는 화려하지도 않고 재물도 없는 잎이 살았습니다. 잎은 천성이 착해 꽃이 살아가는 데 필요한 모든 양식과 옷을 마련해 주며 배고프게 지냈습니다. 때가 되면 도리 없이 사라지지만 한철 달콤한 재물과 미색을 걸머쥔 꽃을 잎은 가끔 부러워했습니다. 꽃은 은근히 오만을 떨며 잎을 자주 괴롭혔지요.

청구에는 오일장이 섭니다. 장날 새벽, 잎은 날개를 달고 장터로 모입니다. 삼삼오오 모여 이야기를 나누다가, 잎들은 자신이 성실하게 노력한 만큼 생을 즐길 수 있다는 청산에 가기로 마음먹습니다.

가다가 날이 저물면 꽃에서 자고 가기로 약속을 했지만 모두는 잘 알고 있답니다. 꽃은 필요할 때에만 온갖 아양을 떨지요. 잎은 맨땅에서 이슬과 함께 밤을 납니다.

여행길에 잎들은 구전 시가를 부릅니다.

"나비야, 청산 가자. 호랑나비야, 너도 청산 가자."

가객 김천택이 이 노랫소리를 따라가다가 영감을 얻어 가집 하나를 찬집했는데, 이른바 『청구영언』입니다. 바람이 살랑 불던 어느 가을날 하늘에서 '청구영언'(청구-우리나라, 영언-노래, 최초의 한글 가곡 노랫말 모음집)이 세속으로 살랑살랑하고 떨어졌다는 옛날이야기가 구전

되고 있다 합니다.

작은 가랑잎처럼 초라하기만 한 뿔나비도 청산으로 가려는지 떼로 모여듭니다. 뿔나비는 등산로나 임도에 모여 목을 축이거나 무기물을 먹으며 기운을 북돋습니다.

장터

사글사글 아까시 은사시 마을

매일 새벽장이 선다

밤톨 머리 박새 참새 곤줄박이

아침거리 찾기 바쁘고

직박구리는 온 장터가 자기 것이라며 찍찍 줄을 긋고 다닌다

파랑새는 슬금슬금 엉덩이 붙이려는 까치에게 깍 가가가

꾀꼬리는 듣기에만 좋은 말로 호객한다

뻐꾸기는 흘린 알 울면서 찾아 나서고

저 위 왜가리 백로 가마우지

한몫 잡으려고 큰 장터로 떠난다

다시는 오지 마

숱은 머리털마저 털렸고

야윈 버들은 강에 들어가 멍하니 서 있다

참매미가 뒤늦게 나타나 몇 마디 한다

온 장터가 참매미에게 넘어간다

뿔나비

뿔나빗과 뿔나비는 머리에 뿔이 두 개 나 있습니다. 뿔나비의 뿔은 아랫입술 수염이 변해서 생긴 것입니다. 가슴 길이보다 아랫입술 수염이 더 길게 확장되어 있기에 뿔나비라고 부릅니다. 다른 나비의 머리에도 뿔이 나 있는데 크기가 작아 유심히 보아야 합니다.

뿔나비는 봄을 가장 먼저 알리는 나비입니다. 이른 봄날 볕이 드는 산길을 걸어 보십시오. 이 좋은 계절에 탁한 색 옷을 걸치고 뿔나비가 나타난다? 뿔나비는 어른벌레로 겨울나기를 해야 하므로 남의 눈에 띄지 않으려고 그저 가랑잎 색 옷을 입습니다.

뿔나비는 작은 편이고 나방처럼 혼란스럽게 날아다니나 나비한테 전형적으로 나타나는 곤봉 모양의 더듬이를 가지고 있습니다.

뿔나비

뿔나비가 나타나면 봄이 우쭐대며 들어선다

모두들 추위 앞에서는 벌벌 떠는데

뾰족 앞으로 난 두 뿔

뿔난 듯

겨울 엉덩이를 마구 찌른 모양이다

각다귀 하이힐

각다귀의 다리가 긴 이유를 이제야 알아냈습니다. 각다귀가 몸을 수면보다 높이 둔 상태에서 배를 수직으로 내려뜨려 산란하고 있습니다. 어른벌레의 다리가 짧으면 물에 빠지거나 몸에 오물이 묻겠지요. 그러니 각다귀는 수억 년 전부터 하이힐을 신고 다닌 셈입니다. 하이힐은 중세 유럽인들이 거리에 넘쳐나는 똥이 옷과 몸에 묻지 않도록 고안해 낸 신발이라는 설이 있습니다.

이효석은 소설 「메밀꽃 필 무렵」에서, 장터를 기웃거리며 짓궂은 짓을 해대서 장꾼이 달가워하지 않는 아이 패를 각다귀라 불렀습니다.

모양은 모기와 비슷하나 무지하게 큰, 긴 다리 각다귀는 인간 각다귀와는 달리 사람을 물거나 괴롭히지 않습니다. 혹시 집에라도 들어오면, 살살 달래어 밖으로 내보내십시오.

각다귀는 다리를 잡으면 다리가 몸에서 쉽게 떨어져 나옵니다. 각다귀가 다리를 미련 없이 버리는 이유는 아직 알려져 있지 않습니다. 포식자에게 다리 하나 내주고 목숨을 구하려는 의도가 아닌가 싶습니다.

다리 놀이

다리가 여섯 개인 벌레는 육각이

사각이는 네발나비와 인간

하늘을 올라 노래하는 종다리

거미는 팔각이

문어 팔다리

문어의 친척 소라와 조개는 한 다리

신발을 신고 벗는 데 하루 다 쓰는 노래기

무다리 장다리

밟기 나름인 물 빠진 개울 징검다리

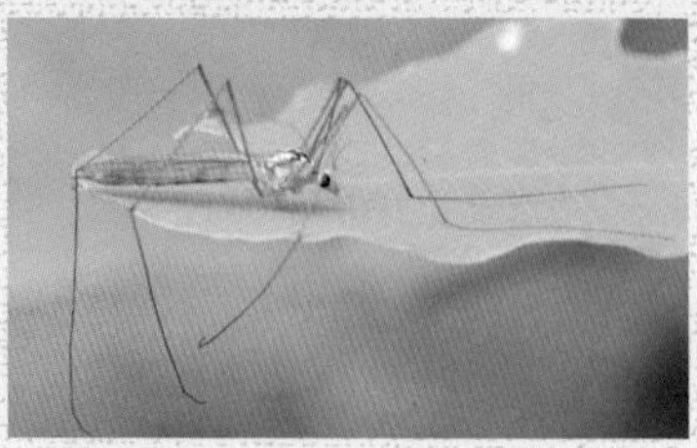

맵시벌

남의 애벌레로 자식을 키우는 벌레가 있습니다. 그건 바로 하늘소나 바구미의 애벌레를 찾아내 알을 낳는 맵시벌입니다. 맵시벌은 나무속에 깊이 숨어 있는 애벌레들을 잘 찾아냅니다. 더듬이뿐 아니라 온몸이 애벌레가 내는 진동을 잘 느끼기 때문입니다. 청진기를 나무에 대어 보십시오. 애벌레가 움직여서 생기는 마찰이 울림이 되어 우리에게 전달됩니다.

애벌레를 찾으면 자기의 몸길이보다 긴 산란관을 이용해 애벌레 몸에 알을 딱 하나 낳습니다. 나중에 애벌레 한 마리에서 어미 맵시벌을 닮은 어른벌레 한 마리가 나옵니다. 헌데 운이 좋아야 합니다. 딱따구리 녀석이 골칫거리지요. 그 녀석이 맵시벌 새끼가 먹을 애벌레를 훔쳐갑니다. 때로는 맵시벌 새끼도 잡아갑니다.

맵시벌은 눈이 좋아 사람 근처에 잘 다가오지 않습니다. 나무에 붙어 산란하고 있을 때 살며시 다가가면 맵시벌을 자세히 관찰할 수 있습니다. 아주 예민한 반응을 보이는 맵시벌도 있습니다. 이들은 서둘러 산란관을 빼고 얼른 자리를 뜹니다.

맵시벌은 배마디 1번과 2번이 잘록하게 들어갔습니다. 허리가 가늘어 맵시 있게 보입니다. 맵시벌과 같은 부류인 말총벌은 자기 몸보다 8배나 긴 산란관을 가지는 경우도 있습니다.

애벌레와 딱따구리

삼월 어느 날 따스한 오후

딱따구리가 마른가지에 바짝 서

똑똑

똑똑똑

톡

따다따다따다다다 닥

닥닥닥

닥

진달래

차창 밖에는 겨울을 뚫고 삐죽 나온 나무가 얼기설기 서 있습니다. 아직은 햇빛이 들어도 산은 침침합니다.

갑자기 환히 웃는 친구들이 온 산을 오르더니 몇씩 모여 소곤대기 시작합니다. 우리 산에 진달래가 이리도 많았던가요. 대체 한여름에는 어디서 무엇을 하며 지낼까요?

솜털

누군가 보고 있다

아닌가?

누군가 시선을 주었는데

건넛산

구름이 띄엄띄엄 무리 지어 다가간다

가끔 자그마한 물방울이 징징대며 딸려 간다

환한 참나무 사이

진달래가 또 고개를 내밀다 얼른 숨는다

다시 삐죽 내민다

산

산 솜털들

산벚

사월, 볕이 시립니다. 온 산에는 연록 물이 흐르고, 수수하게 연한 옷차림을 한 산벚이 징검다리를 건넙니다.

누가 온 산을 돌며 산벚을 심었을까요? 그렇습니다. 까마득한 시절부터 우리는 산벚에게 안겨 살았습니다.

애벌레 시절 족도리풀만 먹고 자란 애호랑나비는 내일 산벚 뜰에서 칠보족도리(칠보족두리)를 머리에 곱게 얹습니다.

산벚

저 고라니

연록 산 그림자

족도리풀 족도리

칠보족도리 애호랑나비

골바람

참나무 뒤 살짝

산벚 바람

벌레를 만나면

지금까지 세상에 알려진 벌레는 약 백만 종이랍니다. 저는 벌레를 만나면 별생각이 다 떠오릅니다. 다쳐 땅 위에서 퍼덕이는 나비를 보면 가슴이 아프다가도, 엘리베이터 안에서 모기를 만나면 생각이 바뀝니다. 내릴 때 같이 나오려는 모기를 엘리베이터 문이 열리기 전에 어떡하든 죽이려고 합니다. 출근길 복도에서 밟혀 죽은 나방을 보면 가엾다는 생각이 들다가도, 불빛에 모여드는 나방이 자꾸 눈앞에서 알짱거리며 날면 치려는 마음이 생깁니다. 메뚜기를 보면 저도 모르게 침을 삼킵니다.

아주 오래전 논에서 일어난 일입니다. 논둑에서 거머리가 청개구리에게 짝 붙어 피를 빨고 있었지요. 힘이 많이 빠진 청개구리가 불쌍해 보이기에 거머리를 떼어 냅니다. 지나가던 사람이 한마디 거듭니다. 거머리도 생명이고 거머리가 살아가는 일을 하는데 누구라도 간섭하면 안 된다고 합니다.

명문장가 이규보는 『슬견설』에서 이나 개, 메추리나 대붕은 모두 생명으로 같은 지위를 가진다고 말합니다. 연암 박지원은 『여초책』에서 매미와 지렁이가 내는 소리가 시나 글 읽는 소리가 아니라고 단정할 수 있느냐고 묻습니다.

청개구리와 장닭

청개구리 온밤 논둑에 앉아

그린 달

장닭 단숨에 시를 뽑아

타

면

해

발

가만가만 걷는다

겨울
청개구리

달 가득 고인 논에 나와

누구 하나 시어 던지면

모두 시를 읊는다

가만 음미도 하다

간 치고

또 맛보고

동틀 녘 잠자리 들며 놓은

시

한밤 눈발을 타고 창에 와 앉는다

도롱이벌레와 거미

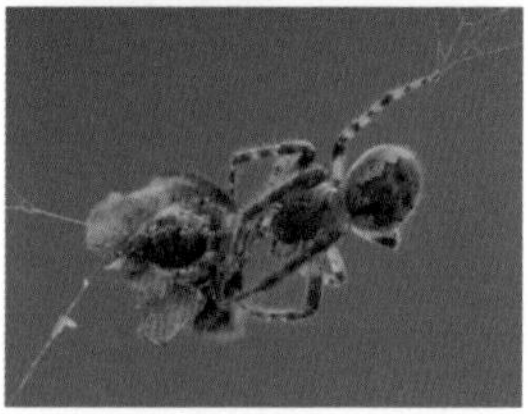

삿갓에 도롱이 걸치고 비탈밭 담쟁이넝쿨 잎을 뜯다가 도롱이벌레가 그만 거미줄에 떨어집니다. 도롱이벌레는 거미줄을 무서워할 이유가 없습니다. 자기 집 도롱이 속으로 쏙 들어가 있으면 그만이기도 하거니와 몸이 매끈하고 줄을 다뤄 본 솜씨가 있어서 웬만해서는 거미줄에 걸리지 않습니다.

그런데 도롱이벌레가 지고 다니는 도롱이가 문제입니다. 도롱이벌레는 입으로 뿜어낸 명주실로 작은 나뭇잎 조각을 얽어 도롱이를 만드는데, 이 도롱이가 거미줄에 잘 달라붙기 때문입니다. 애벌레는 도롱이 밖으로 머리를 내밀고 질긴 거미줄을 뜯어냅니다. 솔직히 비탈밭 일보다 더 지루하고 고된 작업입니다.

난데없이 나타난 불청객 탓에 거미줄이 자꾸 흔들거리자 참다못한 거미가 도롱이를 떨어내려고 합니다. 역시 시간이 많이 걸리고 힘든 일입니다. 도롱이가 아래 담쟁이 잎 위로 떨어집니다. 도롱이벌레는 자기 갈 길을 갑니다.

이런
날

늘어지게 달려 있어도

은구슬로는 허기를 달래지 못하지

누가 점심을 거저 줄 리는 없고

해질녘을 기대했건만

낚시터를 꽉 덮어 버리는 날파리 떼

자리를 옮겨야 하는데

다들 빼곡하게 눌러앉아 텃세가 심하다

벌써 며칠째인가

그제부터 꿀벌만 있었는데

오늘은 잠자리가 퍼덕이는 소리도 섞인다

옛날 옛적에 모시금자라남생이잎벌레는

옛날 옛적에 모시금자라남생이잎벌레는 육지 거북인 남생이로 물과 땅을 오가며 살았습니다. 사람이 늘어나면서 남생이에게 나쁜 일이 생깁니다. 동물 피를 잘못 들이키면 기생충을 먹는 것이나 다름없는 것인데, 인간들은 남생이 피를 강정제라면서 산 채로 남생이의 목을 자르고 피를 마셨답니다. 그렇게 보양식으로 남생이를 너도나도 잡아들였지요. 남생이는 심한 고통을 느끼며 죽어 갔습니다. 껍데기는 장신구로 썼지요. 남생이는 서서히 자라와 함께 멸종 위기에 처하게 되었습니다.

그러자 남생이 원로들이 모여 위기에서 벗어날 수 있는 방법을 논의합니다. 남생이는 지금까지는 풀, 고기, 열매 등 닥치는 대로 먹는 잡식성이었는데 앞으로는 풀만 먹기로 합니다. 사람이 먹을 수 없을 정도로 덩치를 작게 줄이기 위함입니다. 땅에서만 사는 모시금자라남생이잎벌레로 거듭납니다. 인간에 대한 경계심을 풀지 않기 위해 일부러 이름에 인간을 금방 떠올릴 수 있는 '금자라'를 넣습니다.

남생이잎벌레의 애벌레는 자신의 허물이나 배설물을 뒤집어쓰고 다닙니다. "난 똥 덩어리다!" 하고 선포하듯, 아예 다가서지도 못하게 경고하는 것 같습니다.

모시금자라남생이잎벌레

생물 이름이 아무리 길어도

모시 금자라 남생이 잎벌레

모두가 다정하게 어깨를 맞댑니다

모시금자라남생이잎벌레

참 잘했어요

안이 좀 덥지요

겹겹이 입은 외투를 벗을까요?

꼭 필요할 때 쓰는 거품

늦반디가 달팽이를 사냥하는 장면은 보기에 끔찍할 정도입니다. 달아나는 달팽이를 쫓아가면서, 때로는 달팽이집에 올라탄 채로 날카로운 턱으로 달팽이 껍질 안쪽에 있는 연한 조직을 계속 물어뜯습니다. 달팽이를 제압한 늦반디는 달팽이 껍질 깊은 곳에 있는 조직까지 남김 없이 먹습니다.

그렇다고 매번 달팽이가 대책 없이 당하는 것만은 아닙니다. 늦반디가 공격하리라는 것을 낌새챈 달팽이는 거품을 마구 쏟아 냅니다. 포식에 급급하던 늦반디는 쏟아지는 거품에 휩싸여 그만 방향 감각을 잃어버립니다. 다급한 마음에 긴 입을 쭉쭉 내밀어 터트려지지 않는 거품 방울을 쪼아댑니다. 그럴수록 거품만 늘어납니다. 달팽이는 아무 일 없었다는 듯 제 길을 갑니다.

다른 반디와는 달리 늦반디 애벌레는 습지 주변 땅 위에서 활동을 합니다. 주식은 달팽이입니다. 수컷은 날 수 있지만 암컷은 날개가 없어 멀리 이동할 수 없습니다. 그러니 한 지역에서 멸종되면 회복이 거의 불가능합니다.

사진에서 애벌레 모습을 하고 있는 늦반디는 애벌레인지, 암컷 어른벌레인지 분명하지 않습니다.

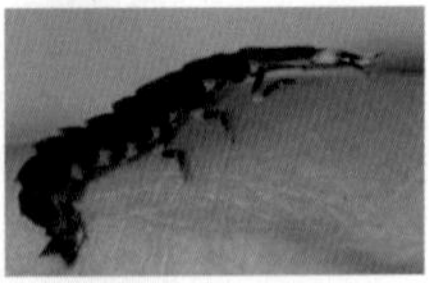

늦반디

늦반디가 마실 다닐 즈음이면 제법 어둡다 작게 빛을 되돌리는 모두가 반디인가 한다 하늘 높이 나는 반디는 빨리도 흘러가는 비행기일 뿐이구나 왠지 속았다는 기분만 더하고 건너편에 줄지어 가우뚱하게 서 있는 빛은 자주 속았는지 아까부터 멀뚱멀뚱 시멘트 바닥만 보고 있다 해가 지나간 길가에 기대어 졸고 있는 달이 퍼뜩 놀란 눈을 하면 이른 추석 웬 밤바람이 인다 모닥불이 타 닥 낳는 불꽃처럼 반디가 나타나 제멋대로 길을 낸다 나는 오락가락한다 이제 달은 높고 불꽃이 그리하듯 반디는 숲에 살며시 내려 티를 감춘다 가야지 바람아

아롱아롱 줄을 탑니다

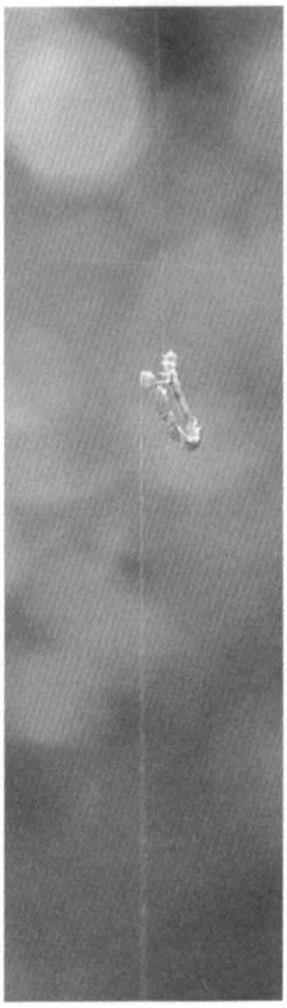

자벌레는 명주실 한 가닥을 뿜어 나뭇가지에서 땅까지 팽팽하게 연결합니다. 자벌레는 줄타기 놀이를 즐깁니다. 오르고 내리고, 아롱아롱 바람을 타고…… 이 심오한 뜻을 헤아릴 길이 없습니다. 날개를 찾기 위해 길 떠날 준비하는 행동이라고 막연히 추측해 봅니다.

자벌레는 남이 만들어 놓은 썩은 줄에 빠끔 꼬여 해쭉대는 짓일랑 모릅니다. 세찬 비바람에 몸은 상하고 마음이 해질지라도, 자벌레는 줄을 옮겨 타지 않습니다. 끝까지 홀로 외줄을 탑니다. 남이 달아 주는 날개는 죽은 날개니까요.

자벌레는 자나방의 애벌레입니다. 어딜 갈 때는 한 뼘 한 뼘 길이를 재듯 기어다닙니다. 자벌레는 늘 입으로 명주실을 뿜고 다닙니다. 명주실은 위치를 파악하고 몸을 지탱하는 역할을 합니다.

자벌레

바랜 거미줄이 얽힌 회양목을
지나는 벌을 쫓아
조팝나무 노란 향기에 올라 조금 가면
어느덧 오월리
물에 뜬 바위만 보이는 작은 시내
살랑살랑 한 그루 흰 아까시나무를 돌아
큰 도토리나무 숲이 있습니다
자벌레가 명주실을 뽑습니다
외줄을 탑니다
우주에 있는 모두를 몸으로 받습니다
남이 대신 해줄 수 없는 느낌
홀로 몸에 가득 채워야 날개를 찾는답니다

물봉선

산지의 습한 곳에 가면 물봉선을 많이 만납니다. 물봉선은 고향에서 집집이 피던 봉숭아(봉선화)를 떠오르게 합니다. 동네 여자아이들이 하는 짓을 따라 봉숭아꽃으로 손톱을 물들여 보곤 했습니다.

물봉선

"봉~"

소똥구리를 괴롭히는 녀석들

소똥구리(쇠똥구리)가 자기 덩치보다 훨씬 작고 납작하게 생긴 생물을 목말이라도 태워 마실 가나 봅니다. 소똥구리에 붙은 애들은 진드기입니다. 피를 빨아 먹고 사니 진드기와 같은 기생자는 소똥구리에게 적일까요, 친구일까요?

생물은 서로 먹고 먹히는 전쟁을 수도 없이 했습니다. 앞으로도 생물은 살아남기 위해 자신을 변화시켜 가며 쉬지 않고 전쟁을 함으로써 공진화를 이루겠지요. 서로가 서로에게 진화하도록 하는 힘이 되어 줍니다. 그들에게 적극적인 삶을 살도록 도와주는 생물은 친구가 아닌 기생자, 병원균, 포식자랍니다. 그들 덕에 생물은 하루하루를 열심히 살아가니까요.

소를 방목하던 시절에는 큰 뿔을 가진 소똥구리들이 널려 있었습니다. 이제 소는 모두 축사에만 있지요. 축사에 소똥은 많지만 소똥구리가 자식을 키울 수 있는 여건이 갖추어져 있지 않습니다. 그 많던 소똥구리들이 사라졌지요. 지금 만날 수 있는 작은 소똥구리 종들은 소똥이 아니더라도 개똥과 같은 다른 동물의 똥으로도 새끼를 키울 수 있습니다.

베란다에 서면

배추흰나비 낮게 날며 서너 마지기 남은 논을 돌보고
황다리독나방 흰 날개 전봇대 위로 알록알록 온 산 층층나무 헤아린다
새벽부터 새끼 부르던 뻐꾸기는 졸고 있는지
꾀꼬리는 소리 없이 건너편 참나무 숲을 가고 오고
수다스러운 까치는 그늘에 모여 키득대며 농한다
이런 말도 한다

할아버지가 그물을 씌우지 않은 배 몇 개 있다
히 하
매일 캄캄한 새벽에 밭으로 나오는 팔순 훨씬 넘어 보이는 할아버지
겨울을 어찌 보낼까 궁금하기도 한 깡마른 할아버지
살아온 흔적을 굽은 어깨에 감고
건전한 노동을 하며 살아가는 할아버지
텃밭 부치는 이들은 그림자 어서 내리길 바라며
즐거움은커녕 고행길에 들어섰다는 넋두리
가끔 얼굴을 가린 여인 한둘 종종걸음으로 산책길 지난다

눈 세 번
노래 잃은 꾀꼬리
마른 배나무

벌레를 자주 먹어요

인간이 식용으로 기르는 동물은 종수가 그리 많지 않습니다. 가축의 유전자 다양성이 떨어지는 데다 교통수단이 발달해 한 곳에서 전염병이 돌기 시작하면 전 세계로 빠르게 퍼집니다. 어류는 각종 쓰레기, 환경호르몬, 방사능 물질까지 몸에 지니는 환경에 놓여 있습니다.

인류는 다양한 자원에서 먹을거리를 찾아야 합니다. 유력시되고 있는 유전자원이 벌레입니다. 선사시대 인분 화석에서 벌레 조각을 발견했다니 오래전부터 인류는 벌레를 먹었나 봅니다. 여러 나라에서 벌레를 사육하는 산업이 확대되고 있답니다. 단백질을 쉽게 얻을 수 있기 때문이지요.

생산되는 일정한 양의 단백질을 비교해 보면, 소고기를 얻는 데 필요한 에너지의 10분의 1 정도면 벌레를 키웁니다. 작은 공간에서도 잘 크는 벌레가 생각보다 많습니다.

머지않아 우리나라에서도 벌레 식단을 자주 접하지 않을까요? 자연에서 마구잡이식으로 벌레를 잡으면 회복하기 어려운 자연 파괴의 문제가 생깁니다. 식용을 위한 벌레는 사육해야 마땅합니다.

현재 인류의 몸에서 벌레의 껍질 성분인 키틴을 분해하는 효소가 잠을 잔다고 합니다. 이 효소가 잠에서 깨어나는 그 날이 오면 인간은 게, 새우, 벌레 껍질로부터 당을 얻을 수 있습니다. 바퀴벌레 한 주먹이면 단백질과 당이 풍부한 점심이 되겠네요.

벌레경經을 재해석하다

선사시대 인류는 똥을 화석으로 남기는 기록문화를 개발한다

똥문자 고전에는 수렵한 벌레를 날로 씹어 먹는다는

벌레경이 있다

인간은 잠자고 있는 키틴을 분해하는 효소를 깨워야 한다

시대에 맞게 고전을 재해석한다

먹을 벌레는 사육하고 자연의 벌레는 그대로 둔다

경은 설교가 아니다

조건 없이 믿으라는 말씀이 아니다

몸으로, 본인 몸으로 자득해야 효소가 깨어난다

풍뎅이는 어디에서 왔을까요

여름철 어쩌다 집 안으로 들어온 풍뎅이 벌레는 여기저기 부딪히며 날아다녀 온 집안 사람을 불안하게 만듭니다. 뒤집힌 채로 바닥에 떨어지기라도 하면 "푸르륵 푸르르르르르" 하는 요란한 날개바람 소리를 냅니다.

그런데 이 '풍뎅이'라는 이름은 어떻게 왔을까요? 많은 가설이 돌아다닙니다. 여기에 제가 그럴싸한 가설 하나를 더하겠습니다.

옛날 우리나라 복장에는 머리와 뒷목을 가리는 풍뎅이라는 모자가 있었습니다. 혜원 신윤복의 풍속화집 『혜원전신첩』에 붉은 옷을 입고 풍뎅이 모자를 쓴 별감이 등장합니다. 조선 후기 별감은 권력이 막강했답니다. 특히 술과 관련된 일에 깊이 관여했지요.

혜원이 살던 시절로 돌아가 봅니다. 별감이 또 뻔한 짓을 꾸미기 위해 거리로 나섭니다. 바람이 심하게 불고 있습니다. 머리에 얹은 풍뎅이 모자가 몹시도 팔락댑니다. 별감이 모자를 한 손으로 잡으며 문득 생각 하나를 떠올립니다.

'한여름 어느 저녁 무렵, 방바닥에 뒤집힌 채로 누워 세차게 날갯짓하던 통통한 딱정벌레 한 마리. 날개바람이 제법 세게 일고

있었지.'

"음, 이제야 그 딱정벌레 이름을 알 것 같아. 뒤집힌 채 심한 날갯짓을 해대던 딱정벌레의 모습은 풍뎅이 모자가 바람에 팔락대는 것과 매우 닮았지. 그 딱정벌레는 풍뎅이! 풍뎅이, 왕풍뎅이야."

이때까지만 해도 별감은 자신이 곧 풍뎅이 벌레가 될 것이라는 사실을 알아채지 못합니다. 별감의 운명은 혜원이 놀리는 붓끝에 달려 있습니다.

풍뎅이 내력

"여기저기 출연시켰거늘 나를 빼고 그 그윽한 곳에서 탁주濁酒라!"

혜원이 붓을 세웁니다

별감에게 뒷목 아래까지 늘어지는 딱지날개 모자를 씌웁니다

화지를 꾸겨서 구석에 던져버립니다

갑자기 누워 허우적허우적

팔다리 몸통이 말을 듣지 않습니다

그리운 긴 겨울밤

봄이 가고 한여름이 오고

별감이 방을 가까스로 기어 나와 붕 사라집니다

"그래, 풍뎅이든 꽃무지든 착하게 살아라."

별감은 햇볕에 썩어가는 과일을 핥습니다

부지런히 꽃을 찾아다닙니다

풍뎅이 애벌레

홀로 사냥하기를 좋아하는 개미 한 마리가 힘이 제법 세 보이는 풍뎅이 애벌레를 끌고 갑니다. 어찌 힘에 좀 부치는 듯합니다. 천하장사 개미이니 지켜보기로 합니다. 개미는 먼 길을 가고 있지요. 개미는 가면서 떨어진 가을 잎과 작은 나뭇가지를 자주 넘어야 합니다.

잡은 먹잇감을 좀 더 쉽게 옮기려는 심사였는지 개미는 물고 있던 풍뎅이 애벌레의 등을 놓습니다.

"왜 이렇게 무거운 거야."

그러면서 풍뎅이 애벌레 주변을 돕니다. 끌고 가기에 더 적절한 부위를 찾습니다.

풍뎅이 애벌레는 등을 뒤로 잘 젖히지는 못하나 배 방향인 앞으로 굽히기는 쉽게 합니다. 무심코 배 부분으로 다가가다 날카롭고 강한 풍뎅이 애벌레 턱에 개미가 걸려듭니다. 둘이서 몇 차례 엎치락뒤치락합니다. 개미는 조용합니다. 풍뎅이 애벌레는 개미가 방심하기만을 기다렸지요.

죽을 날이 아직 멀기만 하다는 듯, 풍뎅이 애벌레는 여유 있게 길을 갑니다. 풍뎅이 애벌레는 다리가 길고 강해 걷기를 잘합니다.

게 두 마리

게 하나

왼손 오른손

또 하나

손발 따로 놀 때가 많아도

하나로 서고 잡고

여기까지 왔네

굼벵이는 어떻게 이동할까요

'굼벵이도 구르는 재주가 있다'는 말이 있지요. 굼벵이는 주로 초가지붕에서 살거나, 땅속에서 식물뿌리를 파먹는 여러 애벌레를 일컫는 말입니다. 바로 앞장에서 설명한 풍뎅이 애벌레를 굼벵이라고 부릅니다. 초가지붕을 걷어낼 때 흔히 보았던 흰점박이꽃무지 애벌레도 굼벵이라고 하지요. 여기서 굼벵이는 흰점박이꽃무지 애벌레를 일컫는 말로 의미를 한정합니다.

굼벵이 가슴에는 다리가 여섯 개 있습니다. 풍뎅이 애벌레와는 달리 굼벵이 다리는 아주 작아서 걷거나 굴을 파거나 먹이를 쥐는 용도로 사용할 수 없습니다.

그렇다면 굼벵이는 어떻게 이동을 할까요? 땅속에 있을 때는 온몸이 다리의 역할을 합니다. 몸을 두르고 있는 땅을 지지대로 삼아 머리로 땅을 헤치고 가슴과 배를 꿈틀거려 앞으로 나아갑니다.

땅 위에서는 온몸이 드러난 상태라 벌러덩 누워 등으로 기어가지요. 이때는 등이 다리가 됩니다. 굼벵이는 빛을 싫어해 해와는 정반대 방향으로 아주 빨리 갑니다. 군대에서 기관총을 마구 쏘아대는 와중에 철조망 밑을 재빠르게 통과해야 하는 훈련을 한 기억을 떠올리면 쉽게 이해할 수 있지요. 굼벵이는 누워서 잘 가는 재주가 있습니다.

굼벵이

팔다리가 익숙지 않은 곳에 와
하늘을 지지대로 삼고
사진과 글을 등으로 당겨
앞으로 앞으로 나아간다
애벌레는 날개를 단 어른벌레를 꿈꾼다
이렇게 해야 숨을 쉴 수 있다
살 수 있다

절 믿으세요

저는 밑들이메뚜기라고 합니다. 주로 산지에서 살지요. 사람들이 취나물에 맛을 들였는지 제 집 여기저기에 취나물을 심습니다. 제가 좋은 일을 하나 하려고 합니다. 농약을 했는지를 알아보기 위한 안정성 검사를 직접 해보겠습니다.

제가 먼저 먹어 보고 아무 탈 없으면 사람이 안심하고 먹어도 됩니다. 이런 깊은 속마음을 모르고 인간이 저를 미워합니다. 취나물 잎에 여기저기 구멍을 내면 상품 가치가 떨어진다면서요.

잠깐 제 말 좀 들어보세요. 우리는 어릴 적에 떼로 몰려다닙니다. 어느 날 개구리, 거미, 여치, 사마귀가 찾아왔습니다. 그 후로 친구들이 하나둘 사라지고 어른벌레가 된 우리 친구들은 몇 안 됩니다.

"밑들이메뚜기 스물, 무당개구리 다섯, 여치 무리 열하나."

벌레와 개구리가 산나물에 대한 믿음을 줍니다.

무당개구리

휘청대며 오르던 안개가 그만 자리를 폅니다

삼지구엽초 봉오리가 고개를 떨어뜨리더니 퍼집니다

쇠스랑개비가 비지땀을 흘리며 픽 눕습니다

줄지어 오른 며느리주머니 봉오리 애들은 입을 꾹 다물었습니다

고사리에 세 든 깐깐한 말벌은 천장에서 새어 드는 물을 퍼내느라

객이 집 안을 두리번대도 느끼지 못합니다

밑들이메뚜기는 밥이 질다며 안 먹습니다

손톱 발톱까지 붉게 물들이고 무당개구리 어디론가 갑니다

거품벌레

어린 시기에 꽁무니로 뽀글뽀글 거품을 뿜고 그 속에 숨어서 식물의 수액을 빨아먹고 사는 거품벌레가 있습니다. 거품으로 몸을 가리고 떼로 몰려 있으면 일반 포식자가 거품벌레를 알아채지 못합니다.

거품벌레는 매미 무리에 속합니다. 매미 무리에는 거품벌레, 매미, 진딧물, 매미충, 멸구 등이 있습니다. 이들은 모두 빨대처럼 생긴 입으로 식물의 수액을 빨아댑니다. 수액에는 영양분이 적습니다. 수액을 많이 먹고 오줌을 자주 눠야 합니다. 그래야 몸속에 넘쳐나는 물을 제거할 수 있지요. 다른 무리들은 오줌을 그냥 버리지만 진딧물은 개미와 좋은 관계를 유지하는 수단으로 오줌을 씁니다. 거품벌레도 오줌을 재활용합니다. 꽁무니를 잘 써 오줌을 거품으로 바꾸어 놓고는 그 속에서 몸을 숨기며 살아갑니다.

팔점박이먼지벌레는 이런 거품을 식량 창고로 여깁니다. 팔점박이먼지벌레가 거품 속으로 머리를 슬며시 들이밀더니 거품벌레를 꺼냅니다. 먹기에 번거로운 다리는 버리고 또 다른 거품벌레를 잡아냅니다. 팔점박이먼지벌레를 포함한 먼지벌레 무리 중에 상당수는 수틀리면 뒤에서 유독가스를 뿜어대는 고약한 버릇이 있습니다.

봄철에 버드나무는 침을 많이 흘립니다. 거품벌레가 만든 거품이 제 무게를 못 이기고 머리 위로 떨어집니다. 세상눈을 가리려는 거품 비입니다. 팔점박이먼지벌레는 제대로 살고 있겠지요?

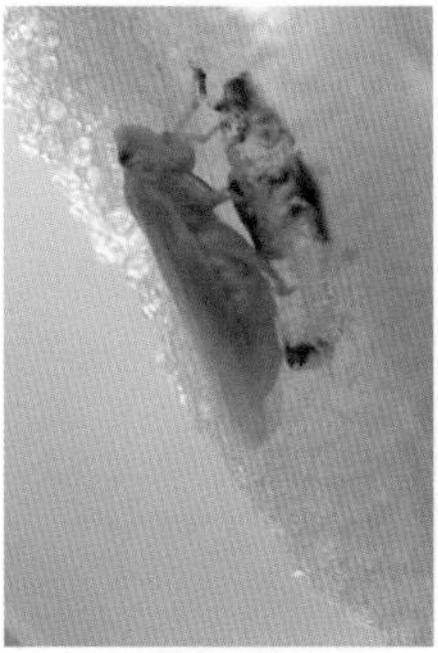

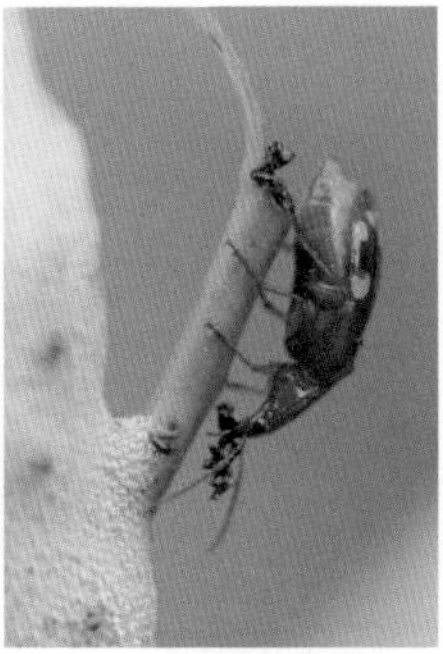

앞줄 노가리
패거리

서둘러 집을 나옵니다
거리에 겨울이 없으면 좋겠어요
월 화수목
수업이 끝나자마자 택시 불러
통학버스 기성 도로로 향합니다
모자 쓴 사람이 물끄러미 보고 있겠지요
그럭저럭 지내다 보면
뭐 직장을 갖겠지요
이런 것이 아닌데
이런 것이 아닌데
문득 불안감이 몰려옵니다
외롭습니다
머물듯 물은 몇 번 돌다가 늘
빠져나가 아무것도 들어 있지 않은
속이 휑하니 들여다보이는 꼰대
별이 나고 죽기를 수없이 거듭하는데
이끼 가득 붙은 성벽을 다독이며
가끔 철없는 발음이나 하고
이런 것이 아닌데

이런 것이 아닌데

뭘 먹을까

집에 가서 먹어야 하나

술이나 한잔할까 보다

깨어나면 허물을 쏙 벗을지도 몰라

난다 날자

속은 왜 이리 쓰리고 머리가 아플까

그래 노가리는 까봐야 안주감이지

진짜 허물을 벗을 수 있는 방법이 없을까요 벌레님

날개 벌레님

히히 이미 알고 있잖아 몸이 굳어서 그렇지

바람 즐기는 함박꽃이 온 세상을 감싸는구나 방학 잘 보내고

딱따기

숲에서 '딱딱딱 톡톡 딱딱' 소리가 납니다. 아무리 살펴봐도 딱따구리의 몸을 발견하지 못할 때가 있지요. 딱따구리는 몸집이 작으나 늘 큰 소리를 냅니다.

딱따구리와 비슷한 이름을 가진 벌레가 있습니다. 딱따기입니다. 딱따기에는 두 가지 뜻이 있습니다. 하나는 옛날에 야경을 돌 때 '딱딱' 소리를 내게 만든 나무토막이고, 다른 하나는 방아깨비와 비슷하게 생긴 벌레 이름입니다. 이 둘 다 덩치는 작은데 요란한 소리를 냅니다.

어린 시절 들에 나가면 "따닥 때때때" 하는 소리를 내며 날아가는 벌레를 자주 보곤 했습니다.

"저 녀석은 방아깨비 수컷이야."

사실은 딱따기였다는 것을 이제야 알게 되었습니다.

제가 가지고 있는 지식은 적은데 매사에 큰소리만 치고 다니지 않았나 하는 반성을 하게 됩니다. 세상에는 책임감 없이 "따닥 때때때" 거짓 소식을 일부러 뿌리고 다니는 사람들이 있다고 합니다. 요즘에는 CCTV처럼 감시하는 눈과 귀가 많습니다. 드론도 있습니다. 딱따기 벌레는 강아지풀이나 뜯으며 조용히 살아야 합니다. 괜히 "따닥 때때때" 소리를 내며 마구 돌아다니면 사람들 손에 잡히는 신세가 됩니다.

딱따기

따닥 딱딱딱

때때때때때

그만 내리는가 싶더니 또 딱딱딱

방아깨비 수컷의 이마를 닮아 가고

뾰족한 두 뿔은 날로 커지는

마르고 작은

아무렇게나 소리를 내고 싶을까

비는 날이 없는 강의실에 들어온

딱따기 하나

졸업하려면 2년 반이나 남았어

하늘소의 머리 모양

북방수염하늘소의 애벌레는 소나무나 잣나무의 수피를 먹습니다. 북방수염하늘소는 수피의 주성분인 셀룰로오스를 분해할 수 있는 효소를 가지고 있지요. 다 자라면 목질 깊숙이 파고 들어가 애벌레 상태로 겨울을 나고 어른벌레가 되어 목질을 뚫고 세상으로 나옵니다.

같은 몸인데요. 나무를 파고 들어간 북방수염하늘소 애벌레의 머리는 타원형이고, 나무를 파고 나온 어른벌레의 머리는 둥글게 생겼습니다. 둘은 식성도 다릅니다. 애벌레는 죽은 나무의 수피를, 어른벌레는 산 나무의 수피를 먹습니다.

하늘소 애벌레와 어른벌레가 터놓고 대화를 한다는 상상을 해 봅니다. 서로 간에 오해가 생길 가능성이 있겠지요. 뇌 구조와 생활 방식이 다르기에 서로 딴 그림을 그릴 수도 있으니까요. 타협점을 잘 찾도록 서로가 많은 노력을 해야겠지요.

메뚜기 머리 되어도

하나 둘 초등

셋 넷 중등

하나 둘 고등

셋 넷

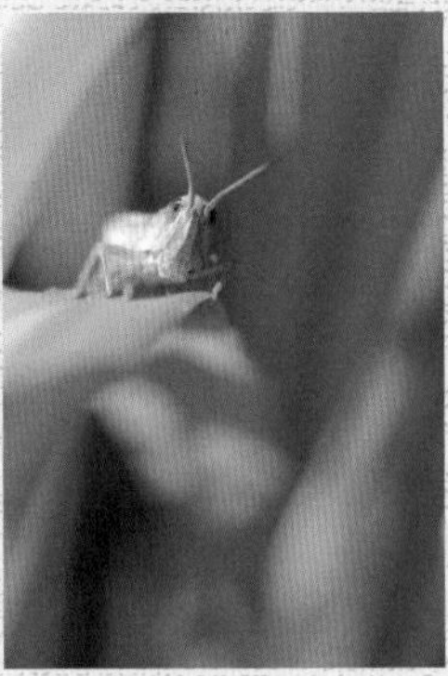

Part 02.

살아간다는 건
그 누구에게도
녹록지 않습니다

어린 메뚜기

가을이 되면 어미 메뚜기는 좋은 터를 정성껏 골라 땅속에 산란합니다. 봄이면 알에서 나온 어린 메뚜기 떼가 어른 허리 높이 정도 되는 쑥 줄기나 작은 나뭇가지에 빼곡히 모여들어 볕을 쪼입니다. 더러는 가지 위쪽으로 쭉 올라가고, 더러는 어찌하여 되돌아 내려오고, 더러는 땅바닥이 좋은가 봅니다.

모두들 사이좋게 속삭이지만 그것도 잠시뿐입니다. 며칠이 지나면 메뚜기 무리는 보이지 않습니다.

세상은 넓습니다. 세상을 살아가는 데 꼭 정해진 좋은 길은 없습니다. 각자 가고 싶은 곳으로 가 온몸으로 자기 삶을 살면 그만입니다.

재갈

오는 봄의 꼬리 자락 모양 온통 질척이는 속삭임에

시를 틀에 부어

감성과 느낌을 따라 버리고

요동치는 자연은 낯설다

몽롱한 아이를 기성품 가게에 세운다

같은 조명 아래 감성과 이성은 티 없이 길들어

자, 묵념

토론이여

자유여

나, 바로

긴꼬리

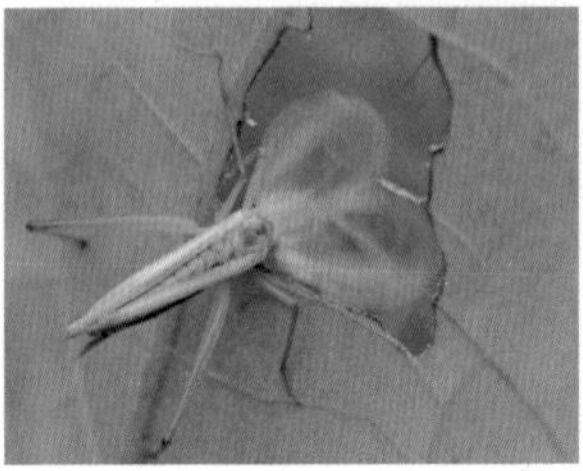

시월이 되면 인적이 드문 산길 가장자리의 넓은 잎 여기저기에 누군가 작은 창을 만들어 놓습니다. 볼품없이 생긴 작은 벌레가 창틀에 다리를 올려놓고 몸을 단단히 지탱합니다. 그리고 날개를 비빕니다. 뛰어난 연주자 주변에는 긴 산란관을 단 긴꼬리 예비 신부 여럿이 짐짓 관심이 없는 척하면서도 슬며시 모입니다.

대다수 암컷 벌레는 짝짓기하기 전에 이미 성숙한 알을 몸속에 가득 지닙니다. 짝짓기 철이 되면 암컷은 배가 볼록합니다. 갸름한 배를 가지고 있으면 수컷으로 봐도 무방합니다.

긴꼬리만큼 아름다운 소리를 내는 벌레는 없다고 생각합니다. 그 소리는 흉내낼 수도 없습니다. 바로 들으려고 할수록 매번 달리 들리지만 늘 맑고 깨끗한 소리입니다.

“훵 훵, 또르르, 위 잉.”

늦가을 산모퉁이를 돌아 계곡으로 몰려가는 가랑잎에 얹히면 그 소리는 애잔합니다.

깔창에 붙은 껌

낮달이 저기 갑니다

여울께로 가나요

모습이 보이지 않습니다

소리가 흘러나와 억새에 스미고

바람이 이리 옵니다

옷깃을 여미다 등져 봅니다

가랑잎 들키듯

긴꼬리 날개 가는 듯 오는 듯 엉킵니다

집으로 돌아옵니다

바람이 옵니다

들에 가면 아래 사진 두 장을 대충 합쳐 놓은 것 같은 다양한 색상의 꼬리명주나비를 만날 수 있습니다. 환경은 생물과 무생물로 이루어져 있으며 계속해서 변화하기 마련입니다. 같은 종이라 하더라도 생물은 모습, 체색, 습성에 끊임없는 변화를 주어야만 생존할 수 있습니다.

모두 한결같은 특성을 갖는 종은 한 시절을 대충 살아갈 수는 있지만, 대를 이어갈수록 쇠락하거나 급격하게 멸종할 가능성이 높습니다. 변화하는 환경에 적응하는 능력이 떨어지게 되니까요.

오른쪽 꼬리명주나비는 알비노증과 정반대인 흑화 현상이 나타난 것으로 보입니다. 흑화는 온몸이 검게 되는 것을 말합니다. 멜라닌이 과도하게 분비되어 본래 가지고 있던 무늬의 색을 잃고 전체적으로 검은색을 띠는 동물이 흑표입니다. 극과 극으로 치닫고 있는 현상이지요.

다양성

아내는 내 냄새가 좋아 나라고 하는 수컷과 결혼했다 아내는 유전자 다양성이 높은 후대를 얻으려는 암컷의 본능을 따랐다 아내와 나는 성격이 많이 다르고 작은 일에도 서로 견해 차이가 크다 여러 가지 가능성이 있으나 한몸인 양 탁한 갈색 자장으로 여백까지 골고루 말아 버리는 기성 세상에서 후대가 올곧게 살아갈지 여부는 두고 볼 일이나 아내는 이제 내 냄새가 좋다는 말을 하지 않는구나

아미

나방이 거울을 봅니다. 두 모습이 나옵니다. 하나는 외모, 하나는 마음입니다. 모습과 마음이 똑같습니다. 역시 아미가 멋집니다. 아미는 냄새를 맡는 감각기관인 더듬이입니다.

나방의 대다수는 암컷이 냄새를 피워 수컷을 부릅니다. 나방은 비슷한 종이 많습니다. 수컷은 냄새를 잘 구분할 수 있어야 제짝을 만납니다. 암컷이 내는 휘발성 물질을 잘 잡을 수 있도록 수컷의 더듬이는 크고 미세한 구조가 많이 나 있습니다.

더듬이에는 냄새감각기가 나 있습니다. 수킬로미터 밖에서 날아오는 물질도 감지할 수 있는 매우 민감한 감각기입니다. 더듬이 표면에는 막으로 싸인 미세한 구멍이 빼곡히 있습니다. 암컷이 분비한 화학물질이 막에 닿으면 세포 내부에서 전기적 자극이 일어납니다. 이 자극이 뇌로 전달돼 냄새가 나는 방향으로 수컷이 날아갑니다.

사진 속 나방은 수컷처럼 보이지만, 암컷과 비교해 보기 전에는 확언할 수 없습니다. 보통 암컷의 더듬이는 간단하게 생겼습니다.

거울

하루에도 몇 번씩 거울을 봅니다

반성하기 위해서가 아닙니다

주름을 감추고

상처를 감추고

나오는 배를 감추고

남에게 잘 보이기 위해

남을 속이기 위해

나를 속이고

화장을 하고

옷매무새를 고칩니다

벌레는 거울이 없습니다

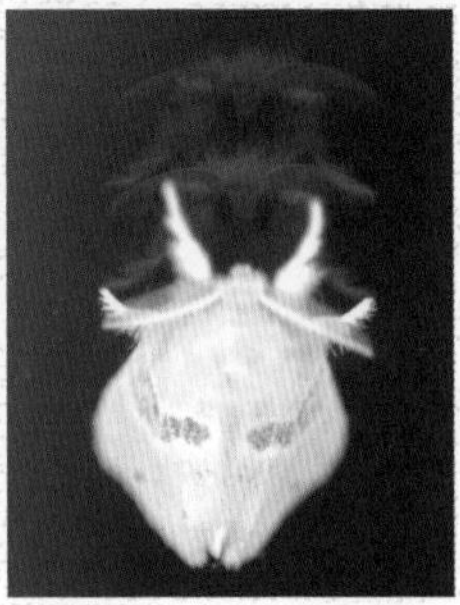

팔랑나비는 물에 빠지지 않더군요

왕잠자리가 먹잇감으로 팔랑나비를 잡으려다 일어난 일인지는 모르지만, 물과 가까운 공중에서 둘이 부딪칩니다. 팔랑나비가 물에 떨어집니다. 물에 빠져 허우적대는 팔랑나비를 빨리 건져 올리려고 가까이 다가갔습니다.

순간, 팔랑나비가 물 표면에서 휙 날아오릅니다. 팔랑나비가 물 위에서 편히 지낼 수 있다니! 처음 보는 장면입니다. 아니 틀에 박힌 제 편견이 깨지는 순간입니다. 나비는 물에 떨어지면 물에 빠져 죽을 것이라는 막연한 생각을 하고 지금까지 살아왔네요.

생각해 보니 팔랑나비의 비늘은 물을 밀쳐 내는 구조를 가지고 있습니다. 미세한 비늘이 온몸을 싸고 있으니 몸집이 작은 팔랑나비가 물에서 쉽게 뜹니다.

몸은 통통하고, 날개는 짧고, 더듬이 끝이 날카롭게 휘어져 있는 종이 있어 팔랑나비를 나방으로 자주 오인합니다. 나는 모습도 나방처럼 불규칙하고 빠릅니다.

전문가는 날개에 난 시맥과 뒷다리에 난 구조물을 보고 팔랑나비를 찾습니다.

매일 같은 일기를 쓰는 팔랑나비

고여 썩은 물에 떨어져도 홀로 헤어날 수 있습니다

맑은 내 눈이 탁해지고

순수한 내 날개가 닳아도

한탄하지 않겠습니다

심안心眼에 노안이 오지 않게만 해 주시옵소서

불쌍한 내 새끼

지극한 모성애로 알주머니를 달고 다니는 거미가 천적인 대모벌을 만났습니다. 거미는 벌침에 쏘여 전신이 마비되어 가고 있지만 다리 하나라도 알주머니와 함께하려고 죽을힘을 다합니다.

'아니야, 아직은 떠날 때가 아니란 말이야.'

독침을 한 번 더 맞게 된 거미는 이제 온몸을 꼬듯이 비틀고는 움직이지 않습니다. 어미가 없는 상태에서 부화한 새끼가 알주머니를 찢고 나올 수 있을까요. 어미 거미는 몽롱한 의식 속에서도 오로지 그것이 걱정되었나 봅니다.

대모벌이 어미 거미를 풀숲으로 끌고 가다가 잠시 내려놓고 되돌아와 알주머니를 봅니다. 설마 어미를 잡아가면서 남의 새끼 걱정이라도 하는 걸까요?

대모벌은 새끼를 키울 집을 먼저 마련해 둡니다. 이때 잡은 성체 거미가 클 경우에는 수정란을, 작을 경우에는 무정란을 낳는다고 합니다.

대모벌 암컷은 수컷보다 훨씬 큽니다. 벌 무리의 경우 수정란은 암컷으로, 무정란은 수컷으로 자랍니다. 꿀벌에서 일벌은 수정란에서 나온 암벌입니다.

바람

바람이 고운 양지말에 사는
목이 긴 아이가
엄마가 되어,
어느 날 아이는 출가했습니다

빛이 죄어 오고
민머리 할머니는 가슴을 쓰다듬으며
숨을 가다듬으려고 애씁니다
바람이 없습니다
바람은 오지 않습니다

밑들이메뚜기의 귀와 흔적날개

소리를 내는 벌레도 많지만 우리가 듣지 못하는 음파를 내는 벌레도 많습니다. 소리를 내는 벌레니까 들을 수 있겠지요. 종류에 따라 다르나 벌레의 귀는 가슴, 배, 다리, 날개에 나 있습니다.

밤에 활동하는 일부 나방은 박쥐가 쏘는 초음파를 알아채기에 박쥐를 피할 수 있습니다. 또 일부 매미는 초음파로 대화를 합니다. 귀뚜라미나 여치 소리는 우리가 들을 수 있는 파장입니다.

밑들이메뚜기는 가슴에 동그란 귀가 있습니다. 그렇기 때문에 아주 작은 소리 또는 초음파의 진동을 잘 느낄 것으로 생각합니다.

밑들이메뚜기의 대다수는 날개가 퇴화했습니다. 세 번째 가슴에 난 귀 바로 앞쪽, 가운데 가슴과 앞가슴 사이에 겨처럼 생긴 붉은 것이 흔적날개입니다.

날개를 버리는 데는 나름 이유가 있겠지만 어찌할 수 없는 상황에 처하여 택하는 삶의 방책입니다. 결국 밑들이메뚜기의 이동 반경은 좁아집니다. 그렇기 때문에 한 지역에서 멸종되고 나면 다시 원상태로 돌아올 가능성은 거의 없다고 봐야 합니다. 밑들이메뚜기는 산으로 산으로 자꾸 밀려들어 가고 있습니다.

메뚜기처럼
가슴에 귀를 달아 봐

귀를 세워 봐

세상 소리가 들리지

머리가 삐걱대는 소리

몸이 뒤틀리고

숨이 턱 막히지

귀를 가슴에 대고

햇빛에 열어 봐

바람이 바다를 안고 도는 소리

벌레가 웃는 소리

몸을 오르게 하는 소리

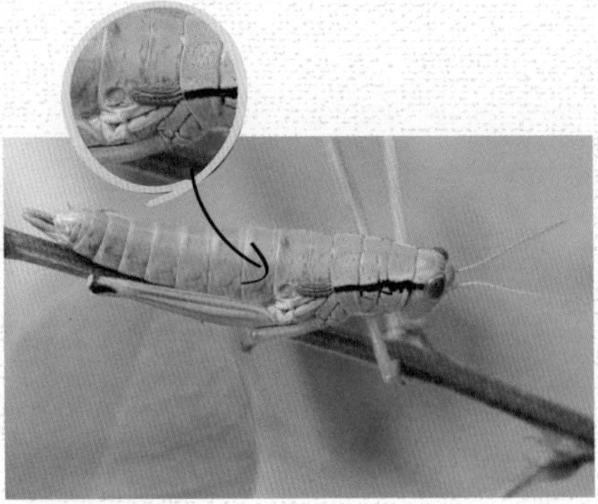

사마귀

사마귀는 교미하는 동안에 암컷이 수컷을 잡아먹는 경우가 있다는 이야기가 널리 알려져 있지요.

그렇다면 운이 좋아 아무 탈 없이 교미를 마친 수컷은 오래 살아남아 여러 암컷을 만날 수 있을까요? 그럴 가능성은 아주 적습니다.

수 시간 이어온 짝짓기가 끝나면 수컷은 바로 바닥에 떨어집니다. 수컷은 힘없이 다리로 허공을 몇 번 가르다 누운 자세 그대로 숨이 멎습니다. 아비가 해야 할 일을 온몸으로 다합니다. 암컷은 이 죽어 가는 수컷을 먹어 치우려는 생각을 하지 않습니다.

암컷은 먹이를 충분히 먹으면 두서너 차례 알집을 만듭니다. 암컷 사마귀는 산란할 때는 엉덩이 끝이 바쁘게 움직입니다. 그것은 알을 낳으면서 함께 분비된 흰 물질과 공기를 잘 섞기 위해서입니다. 이 흰 물질은 알을 보호하는 알집 재료입니다.

암컷은 오랜 시간 같은 행동을 반복하면서 거의 탈진 상태에 이릅니다. 마지막 산란을 마치면 암컷은 수컷과 마찬가지로 바닥에 떨어집니다. 암컷은 곧 숨이 멎습니다. 흰색이던 알집이 갈색으로 변하면서 서서히 굳어갑니다.

바람

까치에게 옥수수 통째 먹이는 허수아비
벌레인가 거듭나려는 인간
매미 소리에 눈뜨는 잠자리채
깔려 죽은 개구리를 생각하며 침 흘리는 개미
또 안개 빛 꿈꾸는 견인차
이리하여 콩알만 한 여린 밤송이는 온통 가시 두르고 나오는데
말수 적은 꽃은 절로 피어
벌레 거미 먹여 살리고
온 나라 살리고
감나무 그늘에 기대
희끗희끗 자식 생각
바람
이렇게 저렇게 멈추지 않을
모습이 없는 바람이여

보라금풍뎅이

허공에서 갑자기 작은 물체 하나가 툭 하고 떨어집니다. 아무 일도 없었던 듯 보라금풍뎅이는 몸을 주섬주섬 챙기고는 앞을 향해 뒤뚱거리며 나아갑니다. 여기저기 부딪히고 때로는 엉뚱한 방향으로 가기도 합니다.

길 가장자리에 인간의 똥이 있습니다. 똥에 다다른 보라금풍뎅이가 흙을 파고 똥 아래로 들어갑니다. 똥을 적당히 잘라 깊숙이 묻고 알을 낳을 건가 봅니다. 보라금풍뎅이는 육식동물의 똥에도 모입니다.

보라금풍뎅이는 날개가 두 쌍 있습니다. 세 부분으로 이루어진 가슴에서 날개가 납니다. 머리 바로 뒤쪽 넓은 면적을 차지하는 부위가 앞가슴입니다. 어떤 벌레든 앞가슴에서 날개가 나는 경우는 없습니다.

가운데 가슴과 셋째 가슴에 각각 한 쌍씩 날개가 납니다. 딱지날개라고도 부르는 앞날개는 딱딱하게 굳어 있어 약한 배 부분을 보호하는 역할을 하지요.

뒷날개는 투명한 막처럼 생겨 접었다 폈다 할 수 있습니다. 날지 않을 때는 뒷날개를 접어서 앞날개와 배 사이에 둡니다. 뒷날개의 추진력으로 날아다닐 수 있습니다. 콩 꼬투리처럼 볼록한 구조를 하고 있는 앞날개는 몸을 뜨게 하는 양력을 얻는 데 도움을 줄 거라 생각합니다.

버섯이나 산나물이 많이 나는 해에 산길 주변에서 보라금풍뎅이를 많이 보게 됩니다.

보랏빛 친서

내가 이 산촌 이장인 보라금풍뎅이일세

모두 올라오게들

한잔하면서 지친 몸과 마음을 좀 녹이세

볕 좋으니 한숨 자고 가게들

산은 모든 것을 받아 준다네

세상 더러운 것 싹 비우게나들

내가 좀 도움세

똥자루는 계곡물에 대충 헹구면 된다네

자주 들리게나들

길앞잡이가 아닌 길앞잡이

시골에서 흙길을 가다 보면 앞에서 빠르게 달려가는 딱정벌레를 만납니다. 갈고리 같은 큰턱, 딱부리눈, 긴 다리를 가진 길앞잡이입니다. 길앞잡이는 큰턱으로 작은 벌레를 사냥합니다.

길앞잡이라는 이름은 벌레가 길을 안내한다는 의미를 담고 있다고 보나, 이는 잘 몰라서 하는 말이라 생각합니다.

옛날에나 볼 수 있었던 광경이지만, 그 많은 길앞잡이가 인간을 피해 도망치느라 여기저기서 툭툭 서로 앞서다 보니 이들이 인간 앞에서는 꼴이 되었지요. 모두 비슷하게 생겼으니, 인간은 같은 길앞잡이가 계속 앞서간다고 착각합니다.

길앞잡이는 인간을 만나면 빠른 걸음으로 앞으로 좀 나아갑니다. 사람이 계속 따라가면 길옆으로 날아가 돌멩이나 풀숲에 몸을 가리고는 꼼짝도 하지 않습니다. 사실 애써 따라다니니 인간이 길앞잡이의 스토커인 셈이지요.

사진은 산길앞잡이로 흔한 종이 아닙니다. 맨흙이 드러난 탁 트인 산지에 삽니다.

길앞잡이

맨땅에 사는 은자
길 안내자니 꼭두각시니 다 무관한데 길앞잡이라 부른다
선견이 밝으신 벌레님을 찾았더란다
벌레님이 너는 길앞잡이 해라 하셨단다
인간 마음이 갈피없이 떠돌고 있느니라 하셨단다

인간 너희에게 나 길앞잡이가 길을 보여 주겠노라
꿈속에서나 가능하다 여기는
인간답게 사는 법을 알고 싶거든
인문학이 눈뜨기 전 까마득한 시절부터
사물이 몸으로 실천하는 생명과 자연이라는
고전을 제대로 체득해야 하느니라

길고양이

회색 고양이가 묘한 표정을 짓고 있습니다. 개미집에 정신 팔고 있는 저를 길고양이가 보고 있었던 모양입니다. 고양이는 저를 자신과 무관한 사물로 인식하고 있는 것 같습니다. 고양이가 있다는 사실을 몰랐으니 제 머릿속에도 고양이는 없습니다. 그걸 고양이도 느끼고 있겠지요. 그러니 고양이가 슬며시 자리를 떠나야 할 이유 같은 건 없다고 확신했겠지요.

고양이를 본 순간 고양이를 방해하지 말아야 한다는 생각이 들었습니다. 벌레를 대할 때처럼 살짝 사진 세 장을 찍고 고양이 옆을 지납니다. 고양이는 움직이지 않습니다.

잠시라도 타자와는 무관한 존재로 살기가 쉽지 않습니다. 노력한다고 의도대로 되는 건 아닙니다.

길고양이

꼿꼿한 벽돌이 보듯

밟혀도 말 없는 땅빈대인 듯

회색인 듯

회색을 보듯

길

육식성 동물이 토해낸 펠릿 주변에 청춘기의 은판나비 여럿이 옆으로 누워 있습니다. 사람들이 상갓집에서 태연히 밥을 먹듯이, 은판나비 한 마리가 주검 옆에서 식사를 합니다. 나비는 차가 또 온다는 사실을 알기나 할까요. 저는 펠릿을 길 가장자리로 옮겨 놓았습니다.

고라니가 아스팔트로 내려왔다가 높은 축대에 갇혀 같은 장소를 오르고 내려가기를 거듭합니다. 제가 고라니를 달래어 한참 아래 축대 벽이 낮은 곳으로 몰았습니다. 고라니는 서둘러 숲속으로 사라집니다.

다람쥐, 고라니, 나비, 잠자리는 항상 같은 길을 다닙니다. 사람들은 동물이 다니는 길을 알게 모르게 또는 폭압적으로 빼앗고는 사람만이 쓸 길을 냅니다. 산허리를 휘감고 도는 긴 길에 개미허리보다 가는 동물 이동로를 한두 개 만들어 놓습니다.

'동물이 지나다니는 길입니다.' 그 일자무식인 개미가 동물 이동로를 집터로 삼아 근처에는 다른 동물이 얼씬도 못 한다고 합니다.

알

암탉이 매미 소리를 파헤친다

알 낳았다

암탉은 알리라

모두 알을 낳는다고

인간도 알을 낳아야 한다고

쫓는 자와 쫓기는 자

며칠 내내 비가 쉬지 않고 내려 개미집에 식량이 동났나 봅니다. 축대 배수공에 살고 있는 거미를 작은 개미가 사냥하려고 마음먹은 것 같습니다. 개미는 거미집을 에워싸고 입구에 있는 거미줄을 끊습니다. 거미줄이 끊어지지 않으면 좀 더 앞으로 나와 거미줄을 다시 물고 뒤로 걸으며 잡아당깁니다. 거미줄은 인장력의 한계점에 도달해 맥없이 끊어집니다.

더 이상 버티지 못하고 거미가 황급히 집을 빠져나옵니다. 거미는 항상 거미줄을 뿜고 다니지요. 개미는 냄새와 거미줄을 흔적으로 삼아 거미를 추적합니다. 개미가 거미 다리로 접근하면 거미는 다리를 살짝 들어 올리고 자리를 잽싸게 옮깁니다.

관찰을 시작한 지 다섯 시간 정도 지났습니다. 이제 날은 어두워지고 수직인 축대 벽에 비가 들이칩니다. 개미는 모두 집으로 돌아갔습니다. 개미는 거미가 먹다 남긴 작은 벌레에 만족해야 합니다. 그것도 몸의 일부만 남은 벌레지만요.

한참을 쫓겨 다니다 겨우 숨을 돌리게 된 거미는 남이 버린 집에 들어가 밤늦도록 새집을 지어야 하니, 몹시 피곤하겠지요. 왜 안 그렇겠어요.

새삼 느낍니다. 살아간다는 것은 그 누구에게도 녹록하지 않은 고된 일이지요.

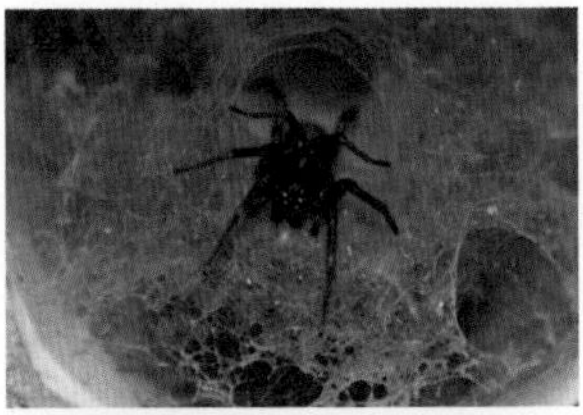

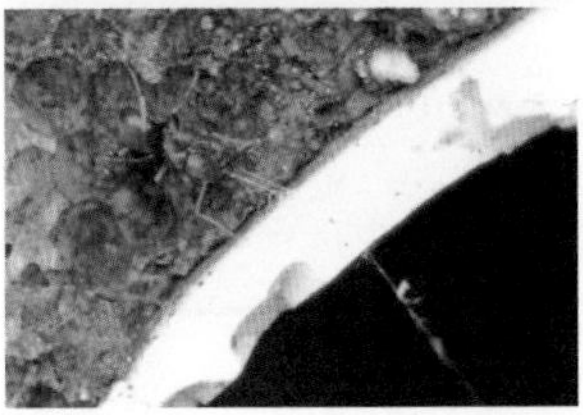

텃새

까치 다리가 푹 빠지도록 눈이 내린 날
마당 가장자리 텃새 식당
순서를 기다리는 배 볼록한 까치
떠돌이 까마귀 서넛이 밀고 들어와 몇 입 먹고 떠나면
살 오른 외국산 잡종 고양이가 나타난다
쭈뼛쭈뼛 작은 가지에 참새 떼
바람에 날리듯 하나둘 가는가 하다가도
다시 와 잔반을 본다
까치 가족 몰려들며
"텃새는 모두 오너라"
까치야

단비

그동안 습하고 무덥기 짝이 없었는데 밤사이 단비가 내렸습니다. 가는 물줄기가 급한 경사를 타고 내려오다 산중턱의 평지를 만나 퍼지면서 얇고 투명한 막을 만듭니다.

꿀벌이 물을 가져가려고 떼로 모여듭니다. 커다란 그림자가 다가가도 꿀벌은 전혀 신경 쓰지 않는 눈치지요. 꿀벌이 내는 환호성과 함께 모처럼 시원한 습기 먹은 아침의 산바람을 맞이하니, 몸도 마음도 깨끗해지는 기분입니다.

연녹색 키 작은 풀이 잠겨 있는 맑은 물웅덩이에 왠지 지금까지 본 적 없는 고상하게 생긴 생명체가 살고 있지는 않을까요? 한참이나 들여다보았는데도 가는 길 자꾸 뒤돌아봅니다. 숨어 있던 신비한 생명체가 슬그머니 모습을 드러낼지도 모르니까요.

불
소리

봄밤

탁 바삭 바삭

해 지난 들깻단 타는 소리

삶을 불지른다

옛날 옛적에 제비나비는

옛날 옛적에, 지구가 태어나지도 않은 아주 옛날에 무수한 별을 키우는 '이랑' 성운의 벌레 운하 중심부에서 '벌레별'이 태어났습니다. 무수히 많은 별들이 이랑 성운에서 자라 먼 우주여행을 떠납니다. 벌레별에 살고 있는 제비나비도 우주여행을 할 궁리를 짭니다. 우주선은 쥐방울덩굴 열매로 정합니다. 이 열매는 낙하산을 가지고 있어 별에 내릴 때 우주선이 과열되는 현상을 줄여 줍니다. 식량을 가져가는 대신 우주에서 잠을 자는 휴면 방식을 택합니다.

그 당시 아직 알의 형태인 제비나비는 쥐방울덩굴 열매를 타고 여행을 시작합니다. 금방 잠이 든 제비나비는 순간이동 하는 꿈을 내내 꿉니다. 몇 백 광년, 아니 시간이 가다, 서다, 뒤돌아 가고, 세월이 얼마나 흘렀는지 모릅니다. 우주선이 지구 근처에 오면서 알은 저절로 잠에서 깨어납니다. 지구를 들러보기로 합니다. 벌써 지구에 온 벌레 친구들이 많았습니다. 이 제비나비 알보다 후에 떠난 친구들도 많았답니다.

알은 쥐방울덩굴 씨앗을 땅에 심는 일로 식사 준비를 마칩니다. 알은 무사히 어른이 됩니다. 나중에 벌레별로 안전하게 돌아가기 위해 날개에 이랑 성운 지도를 세밀하게 그려 넣습니다.

참, 그동안 꿈을 꾸면서 알은 공간 순간이동 하는 능력을 터득했습니다. 지구에서 볼일을 다 보고 나면 제비나비는 벌레별로 바로 돌아갈 겁니다.

성운을 품은
제비나비

별이 많았던 적이 있다

별을 보며 자주 울었다

막연하게 죽음을 생각하며

잠이 들 때까지 소리 죽여 울었다

가로등을 따라

말라가는 강을 걷다가 문득

달은 아직 살아 있다는 것을 알게 되었고

온몸에 별을 달고

하늘과 땅을 오가는

제비나비를 만난다

벌레별

떠돌이섬이 우주에 있는 열 번째 고개를 거의 다 내려오고 있습니다. 유달리 흰 벌레 무리가 낮게 떠선 한 지점으로 빠르게 움직입니다. 벌레가 갑자기 투명해지는가 싶더니 시야에서 사라집니다. 별 한가운데에서 모두를 삼킬 듯 거대한 빛이 떠올라 무서운 속도로 부풀어 오릅니다. 벌레별에서 해가 깨어나는 순간입니다.

느낌

해 달 새 나무 벌레 누구든

나를 깨우면 얼른 다가갑니다

다시 찾을 때를 기다리지 않습니다

오지 않습니다

사물은 짓궂습니다

우연을 가장하고 나타나기에

항상 친구와 붙어 있어야 합니다

만남을 곱게 포개어 내 혈관에 넣어 주는 친구

사진기

가을비는 내리고

주말, 가을비는 내리고 갈 곳은 없고 연구실에 앉아 컴퓨터에 저장된 사진을 뒤적이다 꿈을 꿉니다. 순간, 눈에 확 들어오는 물체! 벌레별에서 지구에 파견 나온 벌레 얼굴에 사람 얼굴이 보입니다. 이는 벌레가 그저 잠시 사람의 모습을 흉내 내는 것일 뿐입니다. 벌레는 어떤 모습으로도 변신을 할 수 있으니까요. 다양한 파장을 가진 광자 에너지를 효율적으로 쓸 수 있는 장비를 온몸에 걸치고 있습니다. 더듬이 두 개는 소리와 진동, 맛, 냄새를 정교하게 감지합니다. 얼굴 양쪽에 있는 반원형 구조물은 광원이 내는 모든 파장을 볼 수 있는 장치입니다. 이 장치로 벌레는 은하계와 은하계를 넘어 아주 먼 곳에 있는 벌레 더듬이까지도 다 알아봅니다. 가슴 앞으로 접힌 다리를 닮은 구조물은 공간을 순간이동 할 때 사용합니다. 이 밖에도 벌레는 인간이 모르는 여러 가지 숨은 능력을 가지고 있습니다.

벌레님 말씀

아둔하기는

내 없으면 뭘 먹고 살래

다리와 몸통을 주렴

다리 셋 달린 생물이 나뭇잎에 붙어 허물을 벗습니다. 50분 정도 걸려 허물을 다 벗고 나니 다리가 여섯 개나 되었네요. 대벌레는 새 다리를 만들 수 있는 몇 안 되는 벌레입니다. 새 다리는 다음날 불쑥 크게 자랄 수는 없답니다. 대벌레는 어른벌레가 될 때까지 허물벗기를 여러 차례 합니다. 허물을 벗을 때마다 새 다리가 쑥쑥 자라지요.

포식자는 대벌레의 긴 다리를 잡고 몸통까지 욕심을 냅니다. 그러면 대벌레는 잡힌 다리를 자르고 황급히 자리를 뜹니다. 대벌레가 한 번에 다리 세 개를 떼어 주는 경우도 있나 봅니다.

고사리 손으로 빨래방망이 들고 도마뱀을 쫓던 일이 생각납니다. 도마뱀의 꼬리 자르기를 한 번도 성공하지 못했는데, 정말로 꼬리가 다시 나는지 아직도 궁금합니다.

도롱뇽도 절단된 부위를 재생하는 능력이 탁월하다고 합니다. 수족 재생을 위한 의학 연구가 활발히 진행되고 있습니다. 도롱뇽, 도마뱀, 대벌레가 답을 줄 것입니다.

인간은 꿈을 현실로 재현하는 신비한 능력을 가진 동물입니다. 신통방통! 마음만 좀 곱게 먹는다면 참 좋은 동물이 될 수 있을 터인데. 인간은 나쁜 유전자를 너무 많이 가지고 있나 봅니다.

도마뱀

꼬리가 잘리면 다시 난다기에
빨래방망이 들고 너를 쫓아다녔어
시간이 좀 지나 지금 막 대벌레를 만나
느리게 가는 다리 하나 잡았지
하나 더 주더라
도마뱀아 도마뱀아
이제 빨래방망이는 사라졌단다
어서 나와 보렴
이제 철이 들었거든
정말이야

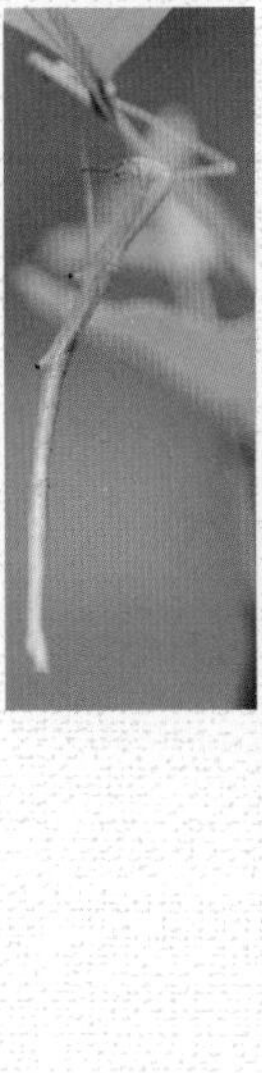

옛날 옛적에 문어는

옛날하고도 아주 먼 옛날부터 문어는 땅에서 살았답니다. 발끝걸음만으로도 빨판 전체에 흙이 가득 묻어 몹시 불편했습니다.

재주가 뛰어난 문어는 빨판 신발을 만듭니다. 신발을 만드는 데 여드레, 신발을 신는 데 하루, 신발을 벗는 데 또 하루가 걸려 신발 때문에 꼬박 열흘을 써 버렸습니다. 제대로 먹지도 자지도 못해 온통 헛것만 보였습니다.

문어는 머리깨나 좀 쓰지요. 문어는 제 입이 들어갈 정도의 틈만 있으면 어디라도 들락날락할 수 있는 유연한 몸을 가졌습니다. 문어는 머리처럼 생긴 몸통을 얇게 폅니다. 그리고 헬륨가스를 가득 채운 열기구처럼 몸을 동그랗게 부풀립니다. 몸을 들썩이더니 온몸이 하늘로 떠오릅니다. 문어는 자유롭게 떠다니다가 땅 근처로 와 쉬기도 하고 친구들과 대화도 합니다. 늘 하늘 끝에 닿고 싶어 하는 나팔꽃 줄기에 바짝 앉아 많은 이야기를 나눕니다.

먼 훗날 문어는 바다로 이사 갈 겁니다. 신비한 일이 많기를 바라고 있습니다. 잘하면 우주로 나가는 방법을 바다에서 찾을 수 있을 거라고 생각합니다.

밤이 깊어가고 문어와 나팔꽃 줄기는 나란히 누워 잠을 잡니다. 문어는 늦잠을 자면 어쩌나 하는 걱정 따위는 없습니다. 엄마 곁에서 곤히 자는 아기처럼 행복해 보입니다.

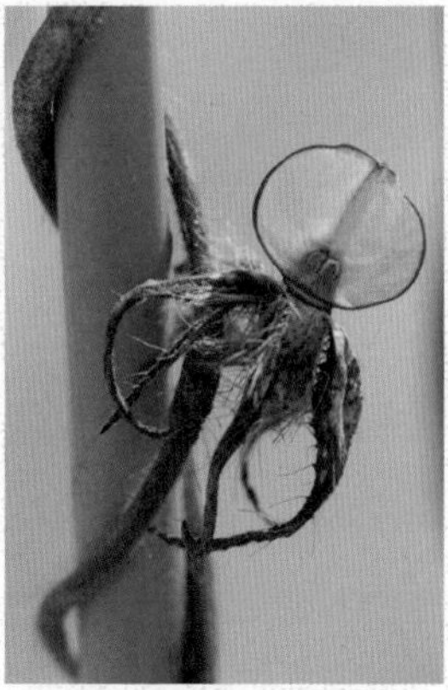

나팔꽃

솟아

하늘 다섯 문

깊이 흐르는 빛 소리를 열어

아침을 깨우는 신

나팔꽃

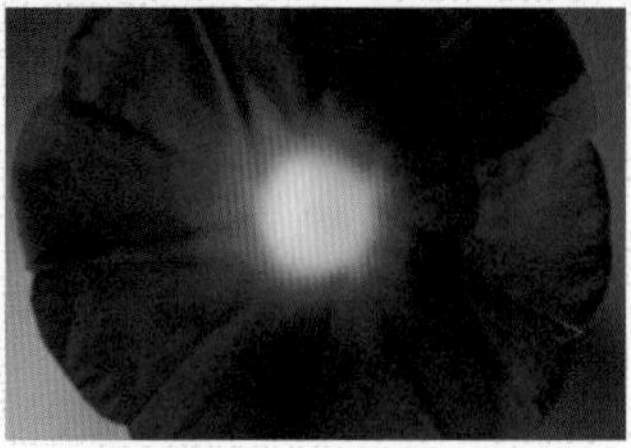

개기월식

벌레 먹은 자두처럼 커다란 달이 붉게 물들어 가고 있습니다. 세안을 하지 않아 그렇게 보이는 것이라고 생각하며 컴퓨터를 깨웠습니다. 글쎄, 오늘이 개기월식이 일어나는 날이랍니다.

지금은 2018년 07월 28일 새벽 04시 15분입니다. 저의 친구 사진기를 부르러 간 사이, 가까이에서 달과 이야기를 나누던 화성이 구름 속으로 들어간 것 같습니다. 달은 검은 하늘 속으로 더 깊이 들어갔습니다. 마음을 설레게 하는 좋은 광경을 보게 돼서 기분이 좋았습니다.

개기월식이 아닌데도 요즘 붉은색을 띤 달이 자주 나타납니다. 대기권에 미세먼지나 수증기가 많기 때문이지요. 먼지가 햇빛을 산란시켜 긴 파장을 갖는 붉은색만 달 표면에 닿아 우리 눈에 그렇게 보입니다. 이제 붉은 달을 보면 미세먼지와 오염물질을 자연스럽게 떠올리는 세상이 되고 말았습니다.

식물의 화분 매개를 돕는 꿀벌이 사라지고 있습니다. 꿀벌은 물, 꽃가루, 꽃꿀, 진딧물 오줌 등을 집으로 퍼 나릅니다. 중금속과 같은 오염물질이 존재한다는 사실을 꿀벌이 알 수 있을까요? 안다고 한들 어찌하겠습니까. 신천옹과 같은 새들이 새끼에게 플라스틱 조각을 먹이는 비극이 자주 일어나고 있습니다.

인류는 살아남기 위해서라도 이제 환경문제에 능동적으로 대처하겠지요. 너무 늦지 않았기를 바랍니다.

달빛 소리 마을

동네 참새 떼로 와

장닭만큼 자라야 철들려나

그 많던 말은 어디다 다 흘리고

식량을 마구 퍼가는데

모르는 척 장닭

모르는 척

이따금 들리는 낙수 소리가 큰 점심나절

달 됫박벌레 조물주

달을 봅니다. 그 옛날 됫박벌레(무당벌레)가 보았을 달. 그때 그 됫박벌레는 지금 어디에서 무엇을 할까요. 됫박을 쓰던 시절에는 됫박처럼 생겼다고 해서 무당벌레를 됫박벌레라고 부르기도 했습니다.

흔히 말합니다. 무생물 덩어리가 모여 생명이 되었다고. 존재나 삶이라는 의미로 볼 때, 무생물 덩어리인 달과 무생물 덩어리인 생명 사이에 차이점이 있을까요?

고려 시대 백운거사 이규보에 따르면 조물주가 이런 말을 합니다.

'만물은 저절로 나니 조물주는 아무것도 만들지 않았고 또한 아는 것도 없는데, 왜 자신을 조물주라고 하는지 알 수 없다.'

됫박벌레

알록알록 이슬

됫박에 스며

또르르

됫박벌레

이슬 되어 멀어지네

어디로 갈거나

무엇으로 맺히나

달무리무당벌레

달무리무당벌레라는 벌레가 있습니다. 달무리무당벌레는 앞날개에 달무리가 진 것처럼 흐릿한 둥근 점이 있어 얻은 이름입니다.

달무리무당벌레 애벌레는 소나무, 잣나무, 전나무에서 자주 볼 수 있습니다. 달무리가 단비를 몰고 와 농민을 위하듯 달무리무당벌레는 식물을 돕습니다. 애벌레와 어른벌레 모두 진딧물을 먹습니다.

달무리는 기다림과 외로움으로 이어져 닿으나 봅니다. 박용래 시인의 「월훈」과 수필가 피천득 선생의 「달무리 지면」에서 달무리에 대한 우리네 감정이 잘 드러납니다. 시간이 억겁이 지날지라도 인간, 아니 모든 사물은 기다림과 외로움을 함께해야 할 친구로 받아들여야겠지요. 조금은 위안이 되지 않습니까? 모두는 외롭습니다.

달무리

달무리와 비의 관계는

바람이나 믿음이 아니다

달무리와 비의 관계는

오랜 경험을 통해서 얻은 경험명제이다

과학으로 증명된 명제이기도 하다

달무리는 부스스 스산하고

노리끼리 희멀겋고 불그죽죽 시시하고

애정을 갖고 지켜봐도 좋은 모습 쉽게 보이지 않는다

바른말 잘 하고 올곧게 사는 자가

달무리이다

진짜 사람이 있다면 달무리를 사람이라 부른다

달무리는 가뭄에 단비를 내는 사람이나

세상은 사람을 보름 동안 쉬지 않고 내리는 비로 여긴다

마지막 순간까지

왕오색나비 한 마리가 오르막길에 쓰러져 있습니다. 단정히 누운 왕오색나비 옆 가까이에 녹색 알 하나가 보입니다. 몸속에 알을 간직한 채로 죽으면 알이 부화할 가능성은 전혀 없습니다. 나비를 살며시 들어 올립니다. 부르르 떠는 울림이 손가락을 타고 전신으로 퍼집니다. 왕오색나비를 길가 풀섶 위에 살며시 내려놓습니다.

대학 시절의 일입니다. 분류학 과제 제출용으로, 한 나방을 죽여 가슴에 핀을 꽂고 날개를 펴고서는 그 상태로 나방이 미라처럼 굳기를 기다렸지요. 다음 날인가, 바닥에 제법 많은 알이 쌓여 있었습니다.

왕오색나비는 대형 나비이며, 뒷날개에 붉은 점이 있습니다. 보는 각도에 따라 날개 색이 변하는 아름다운 나비입니다. 흔한 나비는 아니지만 임도나 개활지에서 가끔 만날 수 있습니다.

날갯짓

달빛에 자란 애벌레

초하룻날 날개를 달아

알 가득 품고

비스듬히 고운 자세로 누워 꿈을 꾼다

날갯짓 한 번

상현달

보름달

하현달

날갯짓을 몇 번이나 하던가

나비도 개성이 있을까요

길 가장자리 얕은 물웅덩이에서 제비나비가 떼로 모여 흙탕물을 빨고 있습니다. 꽃꿀에서는 부족한 무기물을 얻기 위한 행동이라고 생각합니다.

머리와 가슴에 애기똥풀의 노란 꽃가루를 뒤집어쓴 제비나비는 3~5초 간격으로 한 번씩 오줌을 눕니다. 마치 분수대에서 물이 뿜어져 나오다 멈추기를 반복하듯 힘차게 뿜어냅니다. 옆에 있는 제비나비는 깔끔합니다. 하는 짓이 느긋해 천천히 물을 배설합니다.

이렇게 제비나비는 물을 많이 빠르게, 반대로 적고 느리게 배설하는 무리로 나누어 볼 수 있지요. 물론 그들 사이에 속하는 개체도 많습니다.

주로 꽃꿀을 먹는 나비의 소화관은 먹이를 저장하는 모이주머니가 크게 발달했습니다. 꽃꿀은 소화가 쉽게 되기에 주로 소화와 흡수를 담당하는 중장은 짧습니다. 넘쳐나는 수분을 빨리 제거하기 위해 직장과 말피기관이 잘 발달하였지만, 물을 마시고 5초도 채 안 돼 물을 배설합니다. 그 사이에 무기물은 흡수되었겠지요. 그저 놀라울 따름입니다.

나비님께서

바쁘다네

꽃꿀 얼른 먹고

바로 배설하고

즉석 연애하고

한 두서너 주

꽉 채운 생이지

빨리 가고 싶으면

서두르게나

급하게 처리한 시간은

가져본 적이 없는 시간이라는 것만 알게

우리는 제 삶의 주인으로 살기에

시간을 한없이 늘려 볼 수 있다네

오솔길

태풍 솔릭이 큰 소동 없이 지나간 다음 날, 보름달이 참도 밝았습니다. 보름달이 오솔길을 가고 있습니다. 홀로 나온 보름달 마음이야 보름달이나 알겠지요.

저는 오솔길을 좋아합니다. 자신을 돌아보기 위해서나 쉬기 위해서나 깊은 고민이 있어서가 아닙니다. 길이 나 있기에 쉽게 걸을 수 있어서입니다. 방해받지 않고 벌레를 좀 더 편하게 만날 수 있기 때문입니다.

벌레도 오솔길을 좋아합니다. 주변보다 트인 공간이 있는 오솔길에 나와 볕을 쬐고, 짝을 만나고, 먹을거리도 찾습니다.

오늘은 은판나비와 왕오색나비를 만났습니다. 땅이 메말라 있는데 왼쪽에 있는 은판나비와 오른쪽에 있는 왕오색나비가 무언가를 열심히 하고 있습니다. 땅을 자세히 보면 나비 입 주변에 있는 바닥만 젖어 있습니다.

나비는 몸속에 저장해 둔 물을 토해내어 땅속으로부터 올라와서 표면에 말라붙은 무기물을 녹여 빨아들입니다. 나비는 꽃꿀에 부족한 무기물을 그렇게 땅에서 얻습니다.

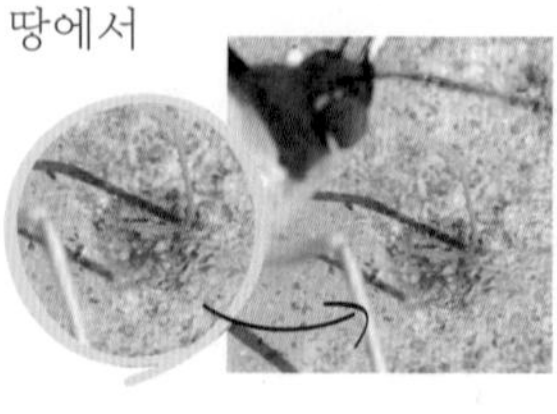

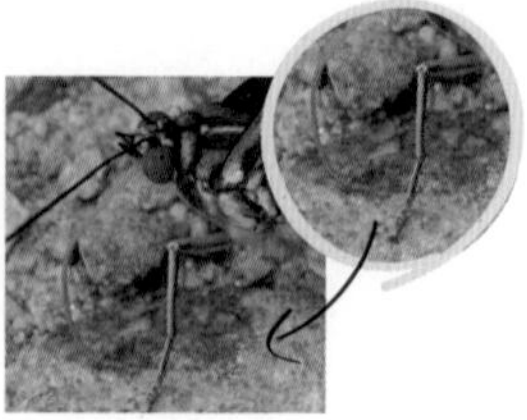

오솔길

가진 것 없는 보름달이 가는

고장난 내 사진기나 보는

할딱이는 세상에는 존재하지 않는

호랑나비

영원을 바라는 인간들은 늘 꽃이 피는 백일홍과 같은 화초를 좋아합니다. 같은 꽃을 쭉 봐서 그런지 이듬해에는 백일홍을 심지 않습니다. 못 믿을 게 인간 마음이지요.

늘 같다는 것은 멈춤입니다. 대개 인간은 변함없는 현실을 견디지 못하지요. 밥만 먹고 살 수 있나요. 라면도 먹고, 회도 먹고, 잡곡밥도 먹고, 빵도 먹고…….

호랑나비가 중독성이 강하고 달콤한 향기를 뿜어대는 백일홍에 빠져듭니다. 충분히 취하고 나면 호랑나비 눈에서 백일홍이 사라지겠지요.

뒤따른 호랑나비는 백일홍이 보이지 않습니다. 꽃꿀 냄새를 느낄 수 없습니다. 오직 짝만이 앞에 있지요. 짝을 얻고 나면 이제 호랑나비 눈에는 하늘만 보이겠지요. 호랑나비는 각자 멀리 떠납니다. 호랑나비 마음도 믿을 게 못 됩니다.

호랑나빗과에는 제비나비, 호랑나비, 모시나비, 꼬리명주나비 따위가 있습니다. 호랑나빗과는 뒷날개 둔맥이 외줄입니다. 특별한 지식 없이 뒷날개 형태로 이들을 구분해 보지요. 제비 꼬리처럼 길면 제비나비 또는 꼬리명주나비, 꼬리가 아예 없으면 모시나비, 꼬리가 짧으면 호랑나비입니다.

만남

바로 보이면 가고

또, 이별은 오고

희미하기에

다가서고

떠난 만남을 못 잊는 것은

무의식이 베푸는 자학을 즐기는 것이고

비가 많이 오는 철이면

변변한 집도 피난처도 없이 벌레는 비를 어떻게 피할까요? 비를 피하려고 나뭇잎 뒷면이나 나뭇가지에 찰싹 달라붙어 꼼짝하지 않습니다. 하지만 바람이라도 불면 벌레는 갑자기 들이닥치는 빗방울 폭탄을 맞고 땅에 떨어집니다. 고인 물에라도 떨어지면 익사하고 말지요. 물이 고이지 않은 곳이라 하더라도 때리는 빗줄기는 정신을 흐리게 합니다.

땅속이나 죽은 나무속에 있는 벌레도 안전하지 못합니다. 하지만 흰점박이꽃무지 애벌레는 물에 잠기도록 두세 시간 두었다 꺼내도 잠시 뒤 아무 일 없었다는 듯 잘도 기어갑니다. 그러나 며칠 연속 비가 퍼부으면 상황은 달라집니다.

흙과 나무가 물을 흠뻑 머금고 있으면 벌레는 호흡할 수 없습니다. 벌레는 숨을 쉬기 위해 땅 위로 기어 나와야 하는 지렁이와 같은 처지에 놓입니다. 간신히 땅 위로 올라왔는데 비는 계속 내립니다. 떨어진 애벌레와 나방, 땅속에서 나온 딱정벌레는 물에 휩쓸려 호수로 흘러갑니다.

계곡물이 흘러드는 어귀에 모여든 물고기는 살판 만났지요. 이때 낚시꾼이 몰려옵니다. 물고기는 잠시 삶을 즐거워라 하지만 주검은 이내 죽음을 부르지요.

빙어

아침부터 이끼에 앉아 말없이 빛을 쪼개는

몇 알갱이 눈 옆 수족관

빙어 먼 길 돌고 돌아 그리던 세상으로 들어선다

잠깐 빛을 쪼개 멸치 하나 발라낸다

지혜로운 자식 사랑

수억 년을 사는 벌레들도 있습니다. 남다른 자식 사랑법이 있기에 장수가 가능한 것입니다.

많은 벌레는 평생을 홀로 지냅니다. 산란을 마친 무당벌레 암컷은 그 자리에 남아 부화한 애벌레를 돌보며 함께 진딧물을 나눠 먹을까요? 아니랍니다. 임무를 마친 어미는 멀리 떠나지요. 아까운 진딧물을 축내면 자라고 있는 애벌레가 굶는 일이 생기기 때문입니다.

사회생활을 하는 흰개미는 엄마, 아빠, 자매가 함께 지냅니다. 가족이 힘을 합쳐 먹을거리를 구하고 적을 물리칩니다. 어른 흰개미는 새끼를 청결히 닦아 주고 식사를 돕지요.

벌레는 좀 더 확실하게 자식 사랑하는 방법을 고안해 냅니다. 그것은 변신입니다. 어른벌레는 새끼와는 전혀 다른 모습으로 변하고, 더하여 새끼가 먹는 것과는 아주 다른 먹을거리를 찾습니다.

나비 애벌레는 식물 조직을 먹고 나비는 꽃꿀을 먹습니다. 잠자리 애벌레는 물속에서, 어른벌레는 땅 위에서 먹고 잡니다.

오리

고인 물

고인 사랑

끝없이 휘젓는다

같이

창작

말벌이 벽에 붙여 놓은 광고지를 갉고 있습니다. 말벌이 집을 지을 재료로 종이를 택했습니다. 낯선 장면입니다. 응용력이 탁월한 말벌이라고 생각합니다.

보통 말벌은 죽은 나무 껍질을 오랜 시간에 걸쳐 큰턱으로 갉아 작은 경단으로 만듭니다. 경단을 얇게 펴 건설 중인 둥지에 잇댑니다.

말벌집은 약간 볼록하게 나온 무수히 많은 조각들이 이어져 있습니다. 조각마다 독특한 무늬가 있는데, 이는 목질을 여러 나무에서 가져오기 때문입니다. 무늬 조각 하나는 경단 한 개 분량과 같습니다. 그러니 집을 완성하기까지 상당한 기간이 걸립니다.

말벌에게든 인간에게든 창작은 없습니다. 우리가 알지 못하는 모든 것이 자연에 이미 존재합니다. 창작이란 자연과 사물을 모방하는 일입니다. 창작이란 발견입니다. 평범하게 사는 일은 작은 발견입니다. 낯설어 보일수록 창작을 잘했다고 합니다. 좋은 창작품은 밝은 곳에 두고 모두가 받듭니다.

창작

생활은 법을 모방하는 것
생활은 법을 피해 가는 것
법리 해석과 실행을 망설인다
창작이 빛나는 때이다
모든 것을 낳고 거두고 낳는
자연 앞에 창작이란 없다
창작은 눈높이가 찾는 발견이 아니던가
문을 어떻게 내고 살아가는가

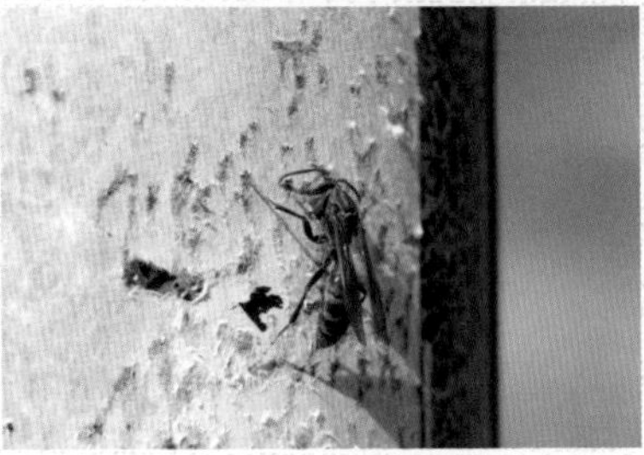

각자 제 삶 살지요

인간은 오감 중에 주로 시각에 의존해 사는 생물입니다. 피아노로 치면 건반 팔십 개 중에서 오직 한 개에 해당하는 빛의 파장만 볼 수 있는 것입니다. 그러니 보이는 것이 세상의 전부가 아니지요.

같은 사물을 보고 있어도 벌레와 사람은 색을 다르게 받아들입니다. 벌레는 사람과 달리 적색과 황색을 보지 못하는 대신 파장이 짧은 자외선을 잘 봅니다. 꿀벌은 노랑, 녹색, 청록을 노랑으로, 보라색을 청색으로 인식합니다.

공간을 함께하면서도 벌레와 사람은 서로 다른 세상에서 살아갑니다. 비교할 수 없는 서로 다른 차원에서 각자 살지요. 누가 우월하고 누가 열등하다고 우기는 것은 근거 없는 허구입니다. 오만한 인간이 갖는 상상일 뿐입니다.

생물 중에 인간만이 몸이 따르지 않는 관념과 그릇된 믿음에 갇혀 살다 가지 않을까 싶습니다.

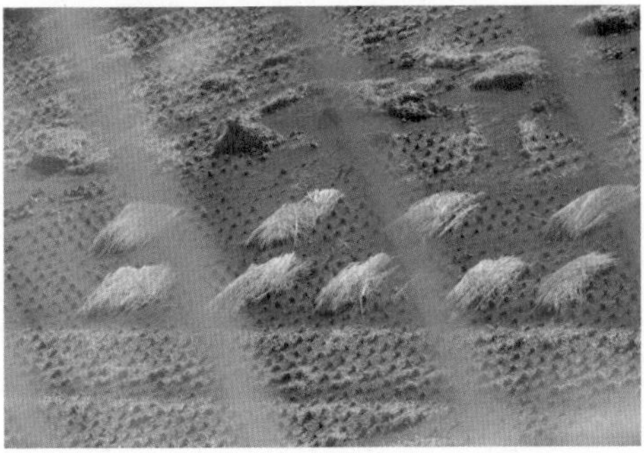

벌레가 된다는 것은

허물을 벗고

새로 나

벌레가 된다는 것은

조팝나무 잎을 게걸스레 먹다

꽃이슬로 뱃살 빼 잘록한 허리에 탱탱한 몸매 만들고

눈치 보며 스륵 걷던 짧은 다리

긴 털 빽빽 밀고 심하게 늘려 꽃을 희롱하고

소리 없는 손짓만으로도 순식간에 이 산과 강 저 바다를 온전히 옮기고

눈 같은 눈 박혀 굵은줄나비

세상을 바로 보아 바로 살고

이 모두를 해야 새롭게 날 수 있지

억년 주름을 펴지

이 중에 하나라도 제대로 하는 것이 있더냐

인간아

편견 덩어리

하루살이

하루살이가 물에서 나와 풀잎에 붙어 있습니다. 이 단계의 하루살이를 아성체라고 합니다. 날 수 있는 날개를 가지고 있는데도 한 번 더 허물을 벗어야 어른벌레가 됩니다.

배 부분을 주의 깊게 보면 외골격인 껍질에 주름이 조금 져 있습니다. 공기가 들어간 것처럼 껍질이 약간 흰색을 띱니다. 햇볕에 탄 팔에 허물이 생기듯 껍질이 피부와 분리되어 있습니다. 하루살이는 곧 탈피를 할 겁니다.

애벌레를 키울 때 잘 관찰하면 위와 같은 현상이 나타나는 것을 볼 수 있습니다. 머리에서 배 끝까지 이런 현상이 일어납니다. 이때 애벌레에게 자극을 주면 애벌레가 탈피를 정상적으로 하지 못할 수도 있습니다. 허물벗기를 하는 동안 애벌레는 매우 불안해합니다. 몸도 연약한 상태입니다.

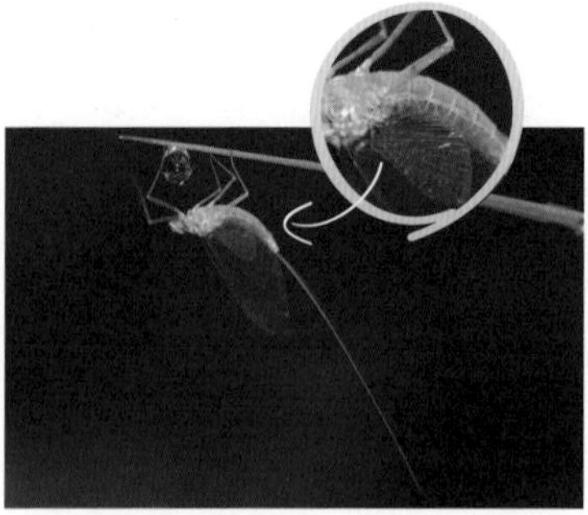

하루살이

꽃잎이 떨어지니 꽃잎은 열매를 맺기 위한 임무를 다했음이라 꽃잎은 운 좋게도 맑고 시린 물에 오르니 편히 세상 구경을 좀 더 할 수 있다 마당 가장자리에 있는 유아등에 하루살이가 떨어진다 사람에게 하루살이는 그저 성가신 것이니 목숨을 내놓아야 한다 마지막을 꽃잎처럼 멋지게 보내려고 겨우내 준비를 많이 해 땅으로 올라왔을 터인데 떨어진 꽃잎보다도 짧게 사는구나

멀리 산마루에는 겨울 참나무가 살지요

어릴 때부터 눈이 내리면 길게 줄을 서 산을 타는 참나무를 보고 정족산에 한 번 가봐야지 하면서도 여태 한 번도 오르지 못했습니다. 항상 신비감을 느끼게 하는 산입니다. 겨울 산등성이에 참나무가 곧게 서서 늘 저를 부릅니다.

게으른 변명을 해야겠습니다. 정족산과 그곳에 터를 튼 참나무를 멀리서 보기만 하렵니다. 꿈을 꿀 수 있으니까요.

숲이 우거진 높은 산에 가면 벌레를 많이 만날 수 있을까요? 아니랍니다. 대부분 벌레는 탁 트인 공간이 있는 곳을 좋아합니다. 벌레를 많이 만날 수 있는 곳은 개울가나 웅덩이 주변입니다. 활엽수가 있는 얕은 산과 함께하는 곳이라면 더욱 좋습니다. 물벌레와 육지 벌레 모두를 만날 수 있습니다.

산을 두르는 비탈밭과 논이 있는 곳에도 벌레가 많이 모입니다. 잔잔한 이야기가 오갑니다.

겨울
참나무

겨울이 오면
세월은 산등성에서 주름으로 흐르고
한여름 영글어 내리는 햇살 가득 품은 참나무
발아래 애벌레에게 포근한 잠자리 내어 주고
커다란 바위 만나면 비켜서
바람길 터주며
날리는 눈송이 가지런히 빗어 몸에 두르고
쭉 뻗고 하늘을 흔들어 보다
산어귀 지붕 위
길게 펴 고요한 빛으로 오른다

바람을 잘 타야지요

생물들은 바람을 잘 이용해야 합니다. 벼, 보리, 밀은 꽃가루가 바람을 잘 타야 씨앗을 맺습니다. 날개를 단 박주가리 씨는 바람을 기다립니다. 바람을 타고 멀리 좋은 곳으로 가고 싶어 하니까요.

아주 작은 벌레나 진딧물은 날개가 있어 짧은 거리를 자유로이 날아다닙니다. 때로는 수백 킬로미터 이상을 이동합니다. 진딧물은 가냘픈 날갯짓만으로는 그렇게 멀리까지 갈 수 없으니 바람을 이용합니다.

여름이면 중국에서 한반도로 멸강나방과 멸구가 날아옵니다. 그들은 편서풍을 타지요. 바람을 능숙하게 타는 전문가가 아니기에 오다가 서해에 빠지기도 한답니다.

바람을 잘 타는 나비가 있습니다. 제주도에서 겨울을 난 제주왕나비는 바람을 타고 뭍을 찾습니다. 남쪽에서 시작해서 북으로 올라오면서 번식합니다. 사진 속 제주왕나비는 2010년 9월에 강원도 화천에서 촬영한 것입니다.

제주왕나비 애벌레는 박주가릿과 식물을 먹고 자랍니다. 박주가리는 잎이나 줄기에 상처를 내면 우유 같은 액체를 뚝뚝 흘리는 식물입니다. 박주가리 씨는 흰 날개옷을 달고 있습니다. 장난으로 바람에 많이 날려 보내곤 했지요.

생물은 한자리에 머물지 않습니다. 새로운 곳을 찾아 끝없는 여행을 합니다. 한자리에 서 있는 것 같지만 나무도 하늘과 땅속 여행을 합니다.

녹색 발가락

바람에 몸을 얹고

수직 길을 낸다

한 번에 한 길 한 길

길을 굳힌다

담쟁이가 길을 지난다

내일도 꼼지락꼼지락 녹색 발가락

담쟁이가 벽을 오른다

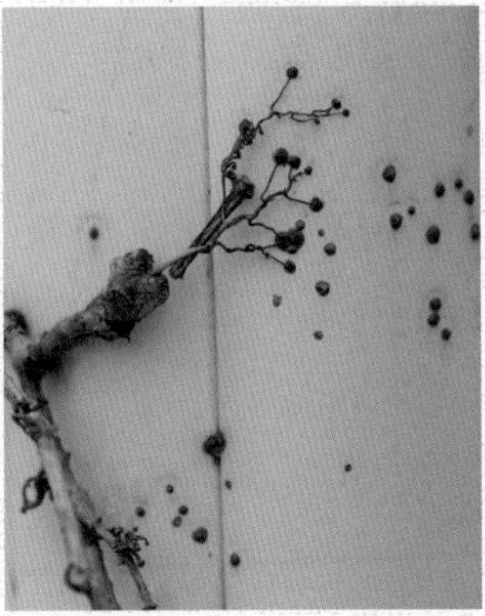

긴날개밑들이메뚜기와 풀잎 배

무당개구리가 떼로 사는 물웅덩이가 있습니다. 어쩌다 물웅덩이에 긴날개밑들이메뚜기(메뚜기)가 떨어집니다. 무당개구리가 몸을 날리며 입을 벌립니다. 혀를 내민다고 하는데 속도가 무척 빠른 모양입니다. 혀는 안 보입니다.

다행히 메뚜기는 무사합니다. 물에 뜬 메뚜기는 움직이지 않습니다. 마침 풀잎 하나가 옆에 떠 있네요. 풀잎에 얼른 오른 메뚜기는 가만히 있습니다. 풀잎 배는 간들간들 불어오는 바람에 실려 바위에 가 닿습니다. 메뚜기는 섣불리 바위에 오르려고 하지 않습니다. 아직도 무당개구리를 경계하고 있을까요?

잠시 메뚜기를 두고 다른 피사체를 찍고자 발을 옮겼습니다. 바위에 있는 작은 자갈 몇 개가 풀잎 배 근처로 떨어집니다. 이 혼란을 틈타 메뚜기가 잽싸게 튀어 바위에 올라붙더니 천천히 기어오릅니다.

개구리가 움직이는 물체에만 관심 보인다는 사실을 우리는 알고 있지요. 메뚜기도 개구리의 습성을 알고 있을까요? 제가 느끼기에 메뚜기는 생각이 좀 있는 행동을 하고 있는 것 같은데 물어봐도 대답을 하지 않네요. 어찌되었든 메뚜기는 위기에서 벗어났습니다.

발품 파는
전문가

메뚜기이긴 한데

긴날개밑들이메뚜기로 뜬다

벌레 사진과 이름을 인터넷에 올린 애호가님 덕이다

강의 시간에 활용할 수 있는 질 좋은 동영상이 넘친다

학생은 몇 학기 내에 교수를 가르칠 수 있는 실력을 갖출 수 있다

사물을 사랑하고 세밀하게 관찰하는 버릇을 더하면 천재가 된다

전문가만을 위한 지식은 더 이상 존재하지 않으니

재능 있는 자가 여기저기 불쑥불쑥 잠에서 깨어난다

앉아만 있을 수 없지

갈색여치 속마음은

갈색여치가 굴착기처럼 생긴 산란관으로 땅에 구멍을 내고 알을 낳으려고 합니다. 땅은 단단히 다져져 있고 자갈까지 섞여 있습니다. 힘을 많이 쓰나 그만 옆으로 쓰러집니다. 갈색여치를 살며시 들어 옆으로 옮깁니다. 이를 아는지 모르는지 갈색여치는 산란관을 땅에 꽂아 넣으려고 애씁니다.

갈색여치는 아는 만큼 보고 아는 만큼 행동하겠지요. 갈색여치가 무작정 바보 같은 짓을 한다고 단정할 수 없지만, 한 가지 확실한 사실이 있습니다. 갈색여치가 길 위에서 계속 고집을 부린다면 지나가는 차량 바퀴에 깔려 주검이 된다는 겁니다. 갈색여치는 죽음이 두렵지 않을까요?

몇 해 동안 관찰해 보니, 딱딱한 흙길 위에다 대고 산란관을 꽂으려고 애쓰는 갈색여치가 의외로 많습니다. 이런 생각이 듭니다.

갈색여치는 땅을 쓸 권리가 있습니다. 갈색여치가 몸을 던져 가면서까지 자기주장을 펴는 것은 아닐까요?

강아지풀과
박새

강아지풀은 그냥 풀도 아니고

잡초도 아니랍니다

빛을 모아 강아지풀 몸과 마음을 만든답니다

강아지풀이 묻는답니다

"나를 함부로 밟고 다니는 인간이

해를 바라보기라도 할 수 있겠는가?"

바둑돌부전나비

대숲을 지나다 바둑돌 무늬를 한 부전나비 한 쌍을 만납니다. 둘 사이가 참 좋아 보입니다.

바둑돌부전나비 애벌레는 대숲에 사는 진딧물을 먹고 자랍니다. 진딧물은 왁스 성분으로 추정되는 흰 외투를 입고 있습니다. 바둑돌부전나비 애벌레도 흰 외투를 입고 있을 터라 생각하고 진딧물 틈을 한참 찾아보았는데, 눈에 띄지 않습니다.

저는 호구 취급을 받고 그냥 돌아왔습니다. 다음을 기약했지만 몇 년이 지나도록 다시 찾아가지 못했습니다.

벌레가 자주 나타나니 참 좋은 곳이라고 생각하면 일이 터집니다. 몇 년이 지나지 않아 길이 나고, 건물이 들어서고, 전기 철조망이 설치됩니다.

며칠 전에는 파랑새가 둥지로 쓰고 있는 아까시나무가 뽑혀 나갔습니다. 작은 산과 함께……. 파랑새는 까치집에서 살고 있었습니다. 파랑새는 까치집을 빼앗는 선수입니다. 사무실에서 아주 가까운 곳인데 포클레인을 보며 허망했습니다. 꾀꼬리도 찾아 왔었는데…….

바둑돌부전나비는 흔한 나비가 아닙니다. 있어도 그냥 못 본 척하고 다시 찾지 않으면 바둑돌부전나비 터전이 훼손되지 않을 것이라는 생각을 해봅니다.

바둑돌부전나비가 보고 싶을 때면, 바둑을 못 두니 알까기나 하렵니다.

개똥벌레

반디

이제 많이들 좋아하지

습지나 축축한 곳은 냄새나고 버러지가 꼬인다고

말끔히 포장하면서도

반디를 만나고 싶어 하지

독방에 들어가 멸균한 멀건 죽을 먹으며

존재하지 않는 존재 홀로그램 속에서

반디를 날리며 연명하지

Part 03.

홀로
존재하는 것은
없습니다

욕심쟁이

어제 비가 왔습니다. 소금쟁이가 길에 나와 있습니다. 소금쟁이는 물 표면과 하늘에서 자유로우니 이제 땅을 어떻게 좀 해보려고 하는 것일까요?

자기 버릇 남 줄 수 있나요. 소금쟁이가 물 표면에서 했던 대로 바지에 똥을 싼 듯 다리를 쩍 벌리고 걸어 보려고 하는데요, 제대로 걸어다닐 수 없지요. 급한 마음에 톡톡 튀어서 앞으로 가려고 합니다.

결과는 좋지 않습니다. 소금쟁이는 맨땅에 오래 머물 수 없습니다. 욕심을 접어야 합니다.

소금쟁이 하나가 차 앞 유리에 붙어서 신호가 바뀌기를 기다립니다. 맑은 날이 이어지더니 내일은 비가 온다는 예보입니다. 소금쟁이가 비가 올 것을 알고 미리 왔을까요? 비와는 아무 상관없이 자주 날아다니는 것일까요?

제가 느끼기에 소금쟁이는 고집불통으로 육지마저 점령하고 싶은 마음에 틈만 나면 땅에 적응하는 훈련을 하려고 물에서 나오는 것 같습니다. 소금쟁이는 욕심쟁이입니다.

소금쟁이는 늙지 않습니다. 늘 새로운 것을 꿈꾸며 도전할 줄 아니까요.

소금쟁이
우리 선생님 1

이제 공을 몰고 가는 연습을 해볼까

하나 두울

내가 다리를 들이대면

틈을 보이지 말고

밀쳐내면서 균형을

잡고 잡고

그렇지 낮게 더 뭉쳐

내 다리를 이기는 체력이니

당연히 큰물로 갈 거야

한 둘 서 너 다 여

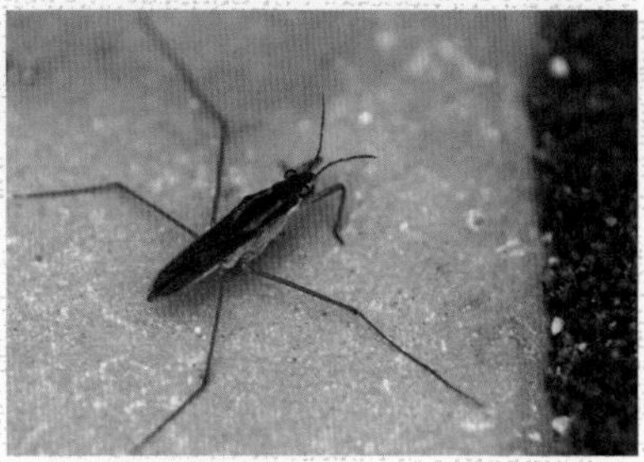

소금쟁이에게 농담을

옛날에 소금장수는 소금을 지게에 지고 마을을 돌면서 팔았습니다. 보통 마을과 마을 사이에는 개울이 있습니다. 개울물을 건너다 지겟작대기가 부러지는 바람에 소금장수 총각이 그만 앞으로 거꾸러집니다.

"얍, 착 착."

총각은 양손을 벌려 바닥을 짚습니다. 다리는 이미 벌린 상태로 딱 버티고 있지요.

"휴, 다행이다."

소금장수가 물에 엎드려 버티고 있는 곳은 오지라서 다니는 사람이 보이지 않습니다. 중천에 있던 해가 서산을 넘어가려 하고 있습니다.

그때 마을에서 가장 아름다운 처자가 집으로 가려고 개울을 건너다가 총각을 발견합니다. 처자가 소금장수 총각을 도와서 둘은 개울을 무사히 건넙니다. 처자가 사는 마을은 마을이랄 것도 없이 집이 띄엄띄엄 딱 세 채만 있습니다. 엿장수 집 처자는 오늘 홀로 밤을 나야 합니다.

육지 벌레 한 마리가 마침 낮에 소금장수가 한 행동을 처음부터 끝까지 지켜보았습니다. 다음날 벌레는 물에 가 소금장수가 한 행동을 그대로 따라 합니다. 놀랍게도 팔다리가 물에 빠지지 않습니다. 육지 벌레 주변으로 먹을거리인 생을 다한 작은 벌레들이 물 위에 널려 있습니다. 육지 벌레는 그만 평생 물 표면에서 살기로 마음을 먹습니다.

하늘 높이 뜬 낮달이 이 광경을 내려다보고는 소금장수를 칭찬합니다.

"저 엿을 먹고 있는 소금장수는 소금을 끝까지 지킬 수 있게 되었으니 '소금쟁이'로 불릴 만하군."

그리고 육지 벌레에게도 한마디합니다.

"육지 벌레 너는 신통하게도 소금장수 흉내를 잘 내지. 그러고 보니 네 몸에는 엿 냄새가 배어 있어. 앞으로 너는 '소금○○'라고 해!"

육지 벌레는 여울 소리 때문에 낮달이 하는 말을 그만 '소금쟁이'로 듣습니다.

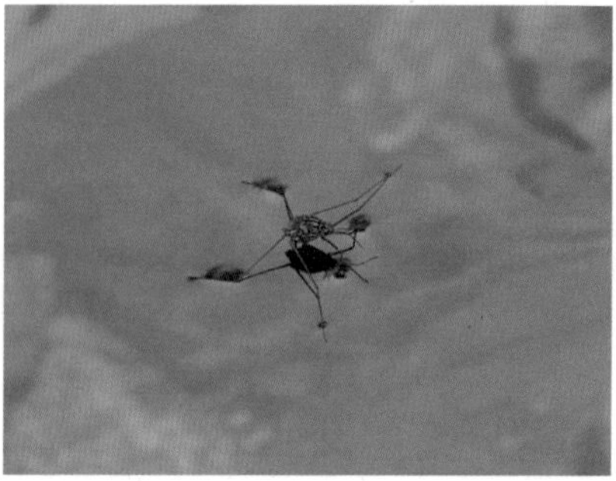

소금쟁이
우리 선생님 2

오늘은 운동장에서 축구를 해요

선생님 수비하세요

또 가요

이번에는 살짝 걸었어요

그럼 문지기 하세요

예?

그럼 씻으러 가요

비눗물로 선생님 팔다리를 잘 닦을게요

이제 선생님이 제일 잘하는 거 해요

선생님

선생님 그쪽이 아닌데요

유영

몸길이가 3밀리미터 정도 되는 소금쟁이가 수면에 누워 허물벗기를 합니다. 많은 벌레가 그러하듯 크기가 1센티미터도 채 안 되는 생명체는 물의 응집력이 강하게 작용하는 세상에 있습니다. 특별한 수단을 준비하지 않더라도 작은 벌레는 물에 쉽게 가라앉지 않습니다. 물론 소금쟁이는 물에서 편히 떠다니기 위해 쉬지 않고 다리와 몸에 기름칠을 합니다.

대장균과 같이 아주 작은 생명체는 응집력과 전하가 지배하는 세계에 살고 있습니다. 늘 새로운 세상을 꿈꿉니다.

인간은 중력이 크게 작용하는 세계에 살고 있습니다. 하지만 인간은 우주로 나가기 위해 끊임없이 애씁니다.

중력의 영향을 받는 칼새는 최소 수개월 동안 땅에 단 한 번도 내려오지 않고 하늘에서만 지낼 수 있답니다. 하늘에서 벌레를 먹고 하늘에서 잠을 잡니다. 물고기가 물속에서 헤엄을 치듯 칼새는 하늘에서 유영을 합니다. 하지만 새끼를 키울 때면 땅을 밟아야 합니다.

정신세계에는 물리적 제약이란 것이 없습니다. 다만 미리 생각을 닫아버린다면 말라가는 물방울 하나에 갇힌 공기 방울과 같은 신세가 되지 않을까요?

소금쟁이

계곡물이 바위를 때리고
바위는 돌멩이를 밀쳐냅니다
돌멩이는 잠깐 쉬고 또 구릅니다
속을 들여다보면 모나지만
둥글게 구르는 데 익숙하지요
아래로 아래로 작아만 갑니다
구원을 받습니다
벽 속에 자리를 잡습니다

소금쟁이가 하늘에 오릅니다
저 아래에는 구름이 익숙한 바람길을 따라갑니다
소금쟁이는 돌멩이 길을 거슬러 오릅니다
거슬러 오릅니다
소금쟁이는 이제 날고 있습니다

물그림자

지구에 존재하지 않는 생명체 모습이 물그림자로 나타납니다. 물은 외계에서 왔고 빛을 부리는 재주꾼입니다. 본래 있던 곳에서 보디빌더이면서 자동차경주 선수이기도 한 엿장수(소금쟁이의 방언)를 물이 마음속에 떠올리고 있나 봅니다.

소금쟁이로 이름이 더 알려진 엿장수를 손으로 만지고 나서 냄새를 맡아보면 엿처럼 달콤한 냄새가 납니다. 엿장수는 노린재 무리에 속합니다. 엿장수는 노린내보다는 기분이 좋아지게 하는 엿 냄새를 몸에서 분비합니다.

물고기가 엿 먹는 걸 좋아하지 않나 봅니다.

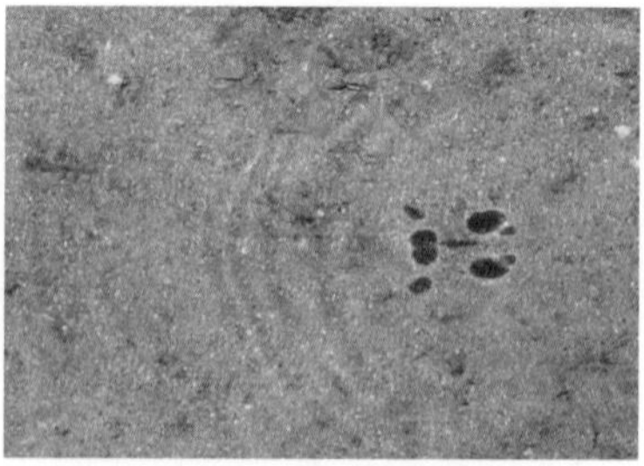

엿장수

맑게 흐르는 물가에 와
숨겨 둔 힘을 내보이는
엿장수 굵은 팔다리를 봅니다
내 팔다리 그림자는 야위어만 가고
뒷면 도색이 떨어져 나간 거울과 다를 바 없는데
타협 없이 안으로 파고드는
거친 생각과 저속한 언행
가시고기 물방개가 잔잔히 노닐던 시절에는
몸과 마음 다 건강했더군요
옛 친구
막말부터 나오지만
몸과 마음 다 건강했더군요
해풍 높새바람이 일려고 하면
엿장수를 만나야겠습니다
가시고기를 부르렵니다

물방개

작은 물방개가 도롱뇽 사체를 먹고 있습니다. 물방개는 왜 꽁무니에 공기 방울을 달고 있을까요? 대기 중에는 산소가 21%, 질소가 78%나 됩니다. 물속에 있더라도 공기 방울은 이 평형 상태를 유지하려고 합니다.

물방개가 산소를 소비하면 물에 녹아 있던 산소가 공기 방울 안으로 들어가 산소와 질소의 비율을 맞춥니다. 질소는 물에 잘 녹지 않아 공기 방울이 쉽게 줄어들지 않도록 합니다. 그러니 질소는 물에 녹아 있는 산소가 들어올 수 있는 공간을 마련해 주는 셈입니다.

물방개의 호흡을 통해 생기는 이산화탄소는 물에 빨리 녹아들어 사라집니다. 이렇게 해서 물방개 꽁무니에 있는 공기 방울은 잠수부가 휴대하는 산소통의 역할을 하게 됩니다.

물방개 외에 물속에 사는 딱정벌레들도 공기 방울을 잘 사용할 줄 압니다. 물거미는 물속에 공기 방울로 된 집을 짓습니다. 물거미도 역시 물에 녹아 있는 산소를 얻는 방법을 잘 알고 있지요.

누군가 논에 놓아 준 외국산 새끼 거북을 데리고 와서 어른 물방개와 함께 잘 살아 보라고 했답니다. 다음 날, 목이 뜯긴 채로 거북은 죽어 있었지요.

삽사리가 갖는 다른 이름이 방개입니다. 방개는 용맹한 개라는 뜻이지요. 감히 대들 자가 없는 물에 사는 방개가 물방개입니다.

똥방개

똥방개는

어디를 가도 주차를 걱정하지 않는다

적게 먹고 적게 싼다

세수를 아주 드물게 한다

거품이 없는 물에 사는 똥방개는

물방개와 서로 닮았다

물방개는 방개

물속 삽사리가 사라지면

물을 썩게 하는 물귀신이 돌아온다

똥방개 방개야

건강하게 오래오래 살아야 한다

게아재비

사전에 의하면 게아재비에서 '아재비'는 아저씨 또는 가까운 친척 어른을 말합니다. 아재비는 게와 가까운 무엇이 있다는 뜻이지요.

게는 앞다리로 먹이를 잡고 식사합니다. 게는 두 눈을 세워 밖으로 튀어나오게 한 다음 주변을 관찰합니다.

게아재비는 겉모습이 가는 막대기처럼 생겨 둥근 게와는 비슷한 점이 없는 것 같지만 눈이 게 눈처럼 튀어나왔습니다. 식사를 할 때 앞다리로 먹이를 움켜쥡니다. 다리는 굵지 않으나 길지요.

이처럼 게아재비와 게는 서로 닮았습니다. 게아재비와 게는 친척으로 여길 만합니다.

아재비라고 부르는 벌레가 또 있습니다. 사마귀를 버마재비로 부르기도 하나 봅니다. 버마재비는 용맹한 범의 아재비라는 뜻이랍니다. 식물 이름에도 아재비가 들어갑니다. 큰조아재비, 꿩의다리아재비, 미나리아재비, 별꽃아재비가 그렇습니다.

노린재 무리에 속하는 게아재비는 주로 물속에서 살아갑니다. 꽁무니에 나 있는 긴 숨관만 물 밖으로 내밀고 호흡합니다. 몸에 이물질이 많이 붙어 있고 행동이 느립니다. 매복하고 있다가 지나가는 송사리나 작은 벌레를 앞다리로 잽싸게 움켜쥐고 뾰족한 입으로 육즙을 빨아먹습니다.

게아재비는 날개 두 쌍을 가지고 있어 날 수 있습니다.

게아재비

아재비는 웃으며

늘

오냐 하는 좋은 아저씨

아재비는 나를 골려먹는다

일부러 집게발을 써 식사하고

두 눈을 밖으로 볼록 빼고 다니지

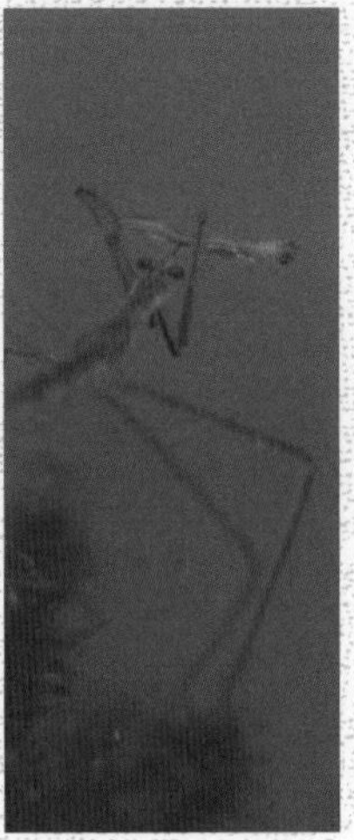

벌레가 여닫는 문

뱀눈나빗과에 속하는 한 애벌레가 볏과 식물의 잎을 미끄러지듯 타고 갑니다. 애벌레 옆구리를 따라 갈색의 작은 점이 일정한 간격으로 나 있습니다. 점은 가슴에 한 쌍, 배에 여덟 쌍이나 있습니다.

갈색의 작은 점은 공기를 들이쉬고 내뱉는 역할을 하는 기문입니다. 기문을 여닫는 방식은 상황에 따라 많이 달라집니다. 기문을 모두 열더라도 앞에서는 들숨을 쉬고 뒤에서는 날숨을 쉬는 식으로 호흡하는 것이 기본입니다. 사람과는 달리 벌레는 숨을 한동안 쉬지 않아도 문제가 없습니다. 벌레는 체내 수분 손실을 줄이기 위해 기문을 잠깐만 열고 오랫동안 닫아둡니다.

기문 한두 개가 고장이 나거나 막히더라도 벌레가 살아가는 데는 큰 지장이 없습니다. 벌레 내부 기관을 들여다보면 제일 앞에 있는 기문부터 마지막 기문까지 굵은 관으로 서로 연결되어 있습니다.

뱀눈나비의 칙칙한 날개에는 뱀눈처럼 생긴 동그란 문양이 박혀 있습니다. 자신을 뱀으로 봐 달라는 뜻이라고 합니다. 다른 나비와는 달리 뱀눈나비는 엉성하게 난 풀숲 사이로 돌아다니기를 좋아합니다. 저러다가 날개가 빨리 닳지는 않을까 걱정이 됩니다.

애벌레 버스

상상을 싣고 스르륵 애벌레 버스

기사 아저씨가 들려주는 자연 이야기

벌레가 들숨과 날숨을 쉬는 방법

벌레는 버스처럼 옆에 기문이 여러 개가 있습니다

문을 모두 열겠습니다

앞쪽에 있는 문으로 타십시오

뒤쪽에 있는 문으로 내리십시오

이제 문을 모두 닫고 한참을 갑니다

앉아 있어야 해요

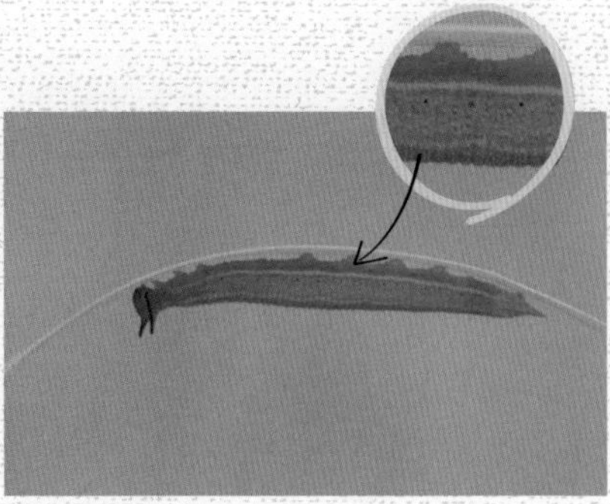

임도

해변에서 설악산으로 고개를 돌리면 산허리를 파고 낸 임도가 눈에 확 들어옵니다. 겨울이면 산허리가 더욱 드러나지요. 어쩌자고 산을 그렇게 훼손하는 것인가요. 산나물과 버섯을 포함한 임산물과 야생동물을 불법으로 취하려는 사람들이 임도를 자주 찾지요. 임도는 산속 생물에게 고통을 주는 길입니다.

그러나 포장하지 않은 임도를 걸으면서 주변을 자세히 살펴보면 생각이 바뀐답니다. 산과 산속 생물이 꼭 나쁜 일만 겪는 것은 아닙니다.

비가 내린 흔적이 채 가시지 않은 흙길에는 무수히 많은 산짐승 발자국이 나 있습니다. 배설물도 여기저기 흩어져 있으니 산짐승이 마음 놓고 임도를 다니는 모양입니다. 시야가 확 트인 임도로 벌레들이 모여 볕을 쬐고, 사랑을 부르고, 식사를 합니다.

사진 속 정경처럼 왼쪽으로 대왕나비 둘, 위에 왕오색나비, 오른쪽에 청띠신선나비가 똥을 빨고 있습니다. 나비에게 육식성 동물의 똥은 상당히 인기 있는 품목입니다. 혹 사람 똥? 갑자기 우주가 쪼그라들 일이지요.

임도는 산사태 방지, 산불 진화, 산림 관리에 요긴하게 쓰입니다. 인간이 함부로 대하지만 않는다면 산과 산에 사는 생명은 인간을 애써 멀리하려 들지 않으리라는 생각이 듭니다.

조팝꽃

연한 노랑 향기 하나
뽀얀 입쌀 다섯
둘러앉아
순한 잎 한입
또 한입
오르는 봄맛은
빨리 달아나려 할 것이니
볕 좋은 산어귀
조팝꽃을 어서 만나 보아라

새똥과 개미

쥐똥나무 잎에 새가 똥을 쌌습니다. 개미가 새똥을 맛있게 먹고 있습니다. 새똥은 흰색인 요산이 주성분입니다. 요산은 질소대사 과정에서 나오는 최종 산물로 새, 파충류, 일부 벌레가 배설하는 물질입니다. 특이하게도 바퀴벌레는 요산을 몸에 저장합니다.

바퀴벌레의 세포 내에 있는 공생 미생물에 의해 요산은 아미노산으로 변합니다. 개미 소화기관 또는 세포 속에 있는 미생물이 요산을 아미노산이나 핵산으로 전환할 수 있을 거라고 추측합니다.

개미가 주로 먹는, 탄수화물이 주성분인 단물에는 질소성분이 거의 없기 때문에 개미는 새똥을 마다하지 않는 것 같습니다.

똥 전쟁이 있었지요. 유럽 제국주의 국가인 영국과 프랑스가 천연비료 구아노를 차지하기 위해 칠레 편을 들어 페루와 볼리비아를 굴복시키는 '태평양전쟁'(1879~1883년)을 유도합니다. 승자인 칠레는 그 기쁨을 제대로 누리지도 못했습니다. 미국과 영국이 개입한 내전으로 인해 칠레 민족주의 정권이 몰락합니다.

똥 전쟁은 결국 제국주의 국가가 승리하면서 끝납니다. 인간은 새똥보다 못한 존재라는 사실을 생물 역사에 한 줄 더합니다.

새똥과 개미

진딧물 꽁무니에서 찔끔 나오는
달짝지근한 탄수화물만 먹어
허리와 팔다리 근육이 쏙 빠진 개미가 기도를 한다
하늘이시여 아미노산 덩어리인
커다란 고기를 먹고 싶습니다
였다
살이 실하게 오른 새가 떨어지다가
똥 덩어리를 흘리고 지나간다

똥과 개미

한적한 산길 가장자리
개미가 새똥을 먹는다
인간이 선심을 좀 쓴다
개미는 당장 이사한다

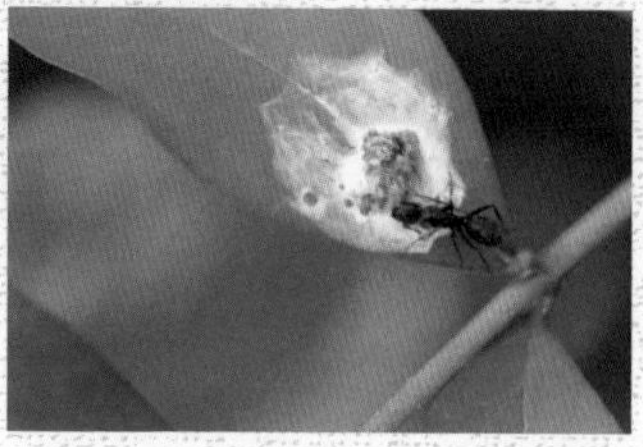

탐관오리

다산 정약용이 「파리를 조문하는 글」을 써서 탐관오리에게 유린당해 굶어 죽은 백성의 넋을 위로합니다.

탐관오리뿐만 아니라 파리로 배 채우는 족벌은 변화를 싫어합니다. 진실을 덮어 버리는, 고여 썩는 세상이라야 이들이 살 수 있으니까요.

시대를 불문하고 탐관오리와 맞서 싸워 이겨야만 자유와 권리를 가집니다. 거창하게 투쟁을 하지 않더라도 쉽고 근본적인 방법으로 탐관오리와 족벌을 물리칠 수 있습니다. 이리저리 잘 살펴보고 몇 번 더 살펴보고 나서 대표를 뽑고, 계속해서 시선을 대표에게 두면 됩니다.

자식과 손주가 뚜렷한 이유 없이 시들어 가는데 기생자와 이들 자식만 잘되길 바라지는 않겠지요?

손
털지요

사람 속을 쭉 지나온 똥에서 난 파리가 두 손바닥을 비비며 비나이다 비나이다 이 어둠을 몰고 다니는 인간을 바로잡아 주시옵소서 비나이다 비나이다 비나이다

철없는 눈

윤삼월이라지만 양력으로는 사월입니다. 밤에는 비가 내리다 아침에는 젖은 함박눈이 내리네요. 땅에 닿으면 곧 땅이 되는 봄눈이지만 막 기지개를 펴던 싹과 벌레는 몸이 어는 추위를 어찌 견딜까요.

이 봄눈 오는 아침에 김소월이 지은 시 「봄비」를 우연히 만납니다. 봄비 속에 으스름 잠기는 꽃자리를 보내며 우시나요. 나는 봄이 부리는 변덕이 쉬 익어 푸름에 잠기는 꿈을 꿉니다.

어떤 사랑

봄눈

가다 되돌아온다

먼 길 가면서

가다 되돌아온다

됐거든요.

홍반디

반디에 '홍' 자를 붙여 반디와 족보가 다른 홍반디라는 벌레가 있습니다. 반디와는 달리 꽁무니에 불을 밝히는 기관이 있지 않습니다.

홍반디가 여기저기 돌아다니며 날개를 조금씩 벌리는 행동을 반복하고 있습니다. 마음에 드는 곳에 이르러 더듬이를 수직으로 세우고 앞다리를 들어 몸을 높이고는 나름 날개를 세차게 흔들더니 날아오릅니다. 대부분 딱정벌레가 그러하듯 홍반디는 몸을 지면과 45도 가량 되게 각도를 유지하고 날아다닙니다.

홍반디 어른벌레는 눈에 확 드러나는 붉은색을 띱니다. 자신은 맛이 없다는 것을 미리 알리는 경고색입니다.

노란색을 띠는 길고 납작한 홍반디 애벌레는 주로 수피를 먹습니다. 나무가 죽으면 채 썩지 않은 수피를 나무좀이나 하늘소 애벌레가 먼저 먹습니다. 수피의 가장 바깥층인 코르크층을 그대로 놔둡니다.

해가 바뀌어 수피가 완전히 썩게 되면 홍반디 애벌레가 들어와 삽니다. 코르크층을 계속 온전한 상태로 남겨둡니다. 코르크층은 애벌레의 몸을 가리고, 이동할 때 힘을 쓸 수 있는 지지대 역할을 합니다. 코르크층은 부식물이 내려앉거나 빗물에 씻겨 나가는 일을 막아 줍니다.

홍반디

홍반디

반디가 맞다

반디가 아니나 반디가 맞다

반디는 까닭 없이 뜨거운 불 불이를 만난다

멸종위기에 처한다

국어를 잘 아는 어느 분이

말했기에 여기에 놓는다

긴알락꽃하늘소

꽃가루를 좋아하는 긴알락꽃하늘소가 꽃을 향해 날아듭니다. 날개가 없는 인간이 도움닫기를 하듯 아주 엉성한 자세입니다.

긴알락꽃하늘소는 꽃가루를 너무 좋아하기 때문에 꽃이 덩어리로 피는 식물을 찾으면 많이 만날 수 있습니다. 갸름한 몸매에 노란색 띠를 가지고 있어 꽃에 날아들 때는 얼핏 침이 있는 벌로 보입니다. 하늘소류는 더듬이가 길어 벌과 쉽게 구분할 수 있습니다.

딱정벌레 무리는 온몸을 갑옷으로 두릅니다. 그러므로 포식자가 쉽게 물어뜯을 수 없을 뿐만 아니라, 강한 바람이나 거센 빗줄기에도 몸이 상하지 않습니다.

그런데 갑옷이 큰 도움을 주지 못할 때가 있습니다. 바로 날 때입니다. 딱정벌레는 딱딱한 앞날개를 들고 속에 접어 두었던 뒷날개로 날아다닙니다. 사람보다야 빨리 갈 수 있으나 다른 벌레와 비교하면 아주 느립니다. 딱정벌레의 앞날개가 빨리 날기에는 적합하지 않은 구조를 하고 있기 때문은 아닌가 싶습니다.

딱정벌레
사연

땅콩 꼬투리가 날아오르려다

바람에 발이 벽을 치는 소리 낸다

이번에는 성공하는가

갑자기 쌩쌩한 감나무가 바로 앞에서 엎어진다

오늘은 재수가 없는 날인가 보다

퍼덕퍼덕 제법 난다 퍼덕퍼덕

저기 맛있는 수액을 주는 참나무가 있다

탁 퉁 퍽

일부 딱정벌레는 날개를 아예 접었다

단무지와 단무지

땅벌 두 마리가 단무지를 두고 다투다가 지금은 조용히 먹기만 합니다. 단무지를 갉아 먹는지 아니면 무는 놔두고 새콤달콤한 즙을 핥는지는 분명하지 않습니다. 결과를 예상하고 있지만, 땅벌이 즙만 먹는지를 확실하게 밝히는 일이 제 목표입니다.

단무지를 작은 조각 몇 개로 쪼개 놓습니다. 땅벌이 원한다면 스스로 자를 수도 있는데 제가 멍청한 짓을 했으니, 여기서부터 일이 틀어집니다. 주변을 맴돌던 개미가 덤벼들어 작은 조각을 물고 갑니다. 가서 단물만 쪽 빼먹겠지요. 이 개미는 혼자 먹이를 나르는 습성이 있습니다. 단무지가 큰 덩어리였을 때에는 무거워서 개미 혼자 끌고 가지 못했습니다. 저는 나머지 단무지까지 작은 조각으로 쪼개 놓습니다. 개미가 하는 행동을 이미 보았으면서도 왜 그랬을까요. 제 목표를 개미가 모두 가져갔습니다. 오늘 전 단무지입니다.

땅벌은 말 그대로 땅속에 집을 짓고 무리 지어 사는 작은 벌입니다. 땅벌은 새끼에게 주로 고기를 먹입니다. 산 벌레를 잘 낚아챕니다. 개구리나 여치 사체를 뜯어가고, 건조 중인 오징어한테 덤벼듭니다.

여름과 가을철에 야외에서 소다수를 먹을 때 주의를 좀 해야 합니다. 단물을 좋아하는 땅벌이 깡통 속으로 들어가는 경우가 있습니다. 소다수를 마시다가 목구멍을 쏘이면 호흡에 치명적인 어려움이 생길 수 있습니다.

단무지

나도 단무지처럼

쓰레기를 만들지 않는 도시락이 될 수 있다면

겉과 속이 같았으면

새콤달콤 늘 마음 함께하는 친구에게 폭 쌓여

한겨울을 따습게 지내고 싶다

오리와 백로

가을입니다. 큰물이 날 일도 없고 햇살도 좋으니 물속 돌에 자리를 튼 조류가 잘 자랍니다. 요즘은 공지천에 매일이다시피 오리 떼가 찾아와 조류藻類를 건져 먹습니다. 물고기가 다닐 수 있는 길이 뻥 하고 뚫립니다. 동시에 물고기가 숨을 곳이 사라집니다.

미끄러지지 않으려고 노란 양말을 신고 물에 들어가 오리 덕을 좀 봅니다. 그러나 백로는 시치미를 뚝 떼고 딴전을 피웁니다. 백로는 고개를 바짝 쳐들고 하늘처럼 몸도 마음도 시리기만 하답니다.

오리 다리 학 다리 되기까지, 까마귀 백로 흰 깃털 가질 때까지 오리와 백로 모두 공지천 상류에서 잘 살기를 바랍니다.

백로

타는 두 갈래 창끝에 물을 둬 번 먹여

긴장을 푼다

눈처럼 신 창대에 탄력을 넣으며

천천히 걷다 뛰다

서

오른쪽으로 기울여

창을 잽싸게 날린다

망 입구가 좁다

오줌발을 수직으로 올려 쏘듯 망을 치킨다

이번엔 좀 더 높이

망이 요동을 친다

취하지 않은 척

흔흔히 한 걸음을 내딛는다

입을 둬 번 헹군다

겨울 백로

백로가 시린 물에 들어가 우두커니 서 있습니다. 오리가 다가가도 등을 돌린 채 못 본 척하더니, 멀어져 가는 오리를 향해 몸을 슬며시 돌립니다. 그리고 물 먹은 화장지처럼 녹아내립니다.

따뜻한 나라에 가 있어야 할 시기인데, 백로는 홀로 춘천 공지천의 겨울을 지키려고 남았을까요.

여럿이 하는 대로 하고 살아야 친구 관계가 유지될까요? 친구는 거리와 시간을 넘어 항상 곁에 있을까요?

겨울

백로

공지천 겨울을 체화하려고 하는가

뭘 좀 남기어 보려고 홀로 남았느냐

남이 하는 대로 하고 살아야 춥지 않고

물결을 자주 옮겨 타는 친구라도 만나지

희다마는

그림자는 탁하고 또렷하지 않지

실체와 함께 흔적은 사라진단다

표정이 없구나

결코 길들지 않는 벌레인 양

깡충거미

포식자에게서 흔히 나타나는 앞으로 향한 큰 눈 두 개를 깡충거미도 가지고 있습니다. 깡충거미는 움직이는 물체에 빠르게 반응합니다. 갑자기 눈 색이 바뀌면서 저를 향해 몸을 돌립니다. 기분이 나쁘면 싹 돌아서서 몸을 잽싸게 숨깁니다. 깡충거미는 눈이 모두 8개인데 전부 홑눈입니다.

사진 속 깡충거미는 알 무더기를 지키고 있는 것처럼 보입니다. 알 모습과 배열로 보아 노린재가 낳은 알인 듯싶습니다. 노린재 새끼가 나오면 하나씩 먹으려고 기다리는 중일까요? 깡충거미는 몸집이 작아도 자기보다 큰 먹잇감을 잘 잡습니다. 노린재 새끼쯤은 거들떠보지도 않겠지요. 투자할 가치가 없으니까요.

깡충거미
식사

톡 톡

음

얍

훅 훅

쪽 쪽 후르륵

잠시 눈 좀 붙이자

깡충거미

거꾸로 매달려 생명선을 박는 노련한 사냥꾼

덮칠 때는 치타

곳간이 없다

먹이를 순간에 죽여 최대한 예의를 표한다

먹을 수 있는 것은 남기지 않고 먹어

희생자를 욕보이지 않는다

늘 혼자 다니지만

눈은 다 알아보는 보름달

주고받고

개미 둘이 갈퀴나물에 있는 애벌레 옆에 바짝 붙어 있습니다. 애벌레 쪽으로 마른풀을 가져가자 개미가 바로 반응합니다. 더 가까이 오면 물어 버리겠답니다.

이 애벌레는 개미와 공생하는 부전나비 애벌레일 수도 있지만 확인하지 못했습니다. 만약 부전나비 애벌레라면 이 둘은 서로를 돕겠지요. 나라와 국민이 하나인 것처럼, 국민은 나라를 위해 열심히 노력하고, 나라는 국민을 평안하게 보듬고 지켜주듯.

모국

안과 밖에서 막무가내로 몰려오는
벌레로부터 벼를 지키는
청개구리
발가락은 다섯
젖을 얻어먹지 못해
양쪽 엄지손가락을 잃었지요
청개구리는 오늘도 논에 나왔습니다

쯧쯧 여치

"쯧쯧."

집으로 데리고 왔는데, 여치가 불만이 좀 있는가 봅니다. 아내가 그렇게 한심한 짓이나 하고 있으니 여치가 혀를 찬다며 당장 데리고 나가라고 합니다. 사무실에서 조금 길게 쯔르르 쯔르르 날개 마찰음을 냅니다. 듣기에 아주 좋은 소리는 아닙니다.

여치는 큰 벌레에 속하고 잡식성입니다. 칠월 말경 들에 나가면 여기저기에서 여치 소리를 들을 수 있습니다. 이 시기부터 여치는 공격 본능을 두드러지게 보입니다. 수컷은 날개를 열심히 비비는 일을 해야 하고 다른 수컷과 경쟁할 준비를 해야 합니다. 암컷 몸에서는 알이 마구 자랍니다. 고기가 많이 필요합니다. 메뚜기들은 긴장해야 합니다.

희한하게도 여치는 자연에서 먹어볼 수 없는 양파를 아주 좋아합니다. 좀 자극적이고 사각사각한 식감을 즐기는 것일까요?

때가 되어, 여치는 숨을 멈추고 쌀알만 한 알을 꽤 남겼으나 이듬해 한여름이 되도록 알은 부화하지 않았습니다.

"반려동물, 아니 반려벌레라고 너스레를 떨더니 흔한 소유물로 생각하고 함부로 대했구만."

"쯧쯧."

여치 쯧쯧

집에서

쯧쯧

사무실로 데리고 와도

쯧쯧

들에서조차도

쯧쯧

꿈에서도

쯧쯧

나쁜 녀석

그래 접는다

"시를 제대로 아는 녀석에게 걸렸어."

볕 쬐는 베짱이

베짱이는 잡식성입니다. 풀을 먹다가 작은 벌레를 사냥하기도 하고, 바퀴나 신발에 깔려 죽은 작은 생물도 찾습니다. 몸속에 있는 알을 키우는 시기에는 고기를 더욱 좋아하는 것 같습니다.

식사를 하고 나면 베짱이는 바로, 옆으로, 또는 거꾸로 매달려 해를 향해 배를 내보입니다. 따끈따끈, 체온이 올라가 소화가 잘됩니다. 메뚜기와 여치도 식사를 하고 나서 볕을 쬡니다.

뒤에 산이 있고 앞으로는 내가 흐르는 기와집이 있습니다. 이 집 주인이 되어 비스듬히 누워서는 마당을 거니는, 천상에서 온 학을 보면서 살고 싶은 꿈을 허균이 가지고 있었지요. 그림을 부탁했는데 화가 이정이 학을 슬그머니 불러 타고 세속에서 사라졌나 봅니다.

세속을 넘는 뜻을 품은 허균이 환생이라도 한 모양입니다. 베짱이가 허리띠를 던져 버리고 물구나무를 서듯 거꾸로 비스듬히 누워 우주 속을 들여다봅니다.

베짱이 시

시를 짜

사나흘

달빛에 침담가

바람이 빛 맑게 빚는 날

그늘에 꼬들꼬들

버무려

한 잔

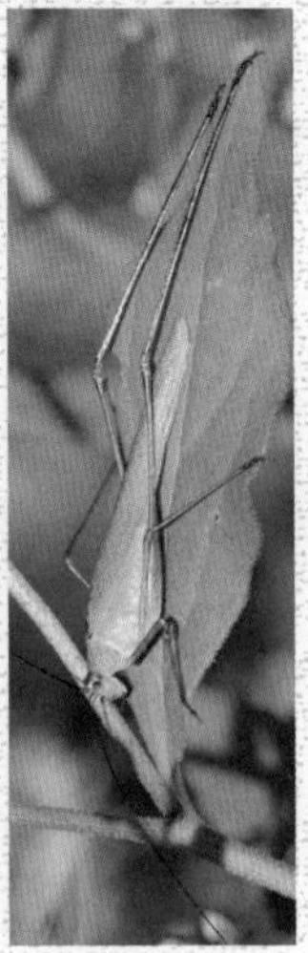

봄날

내일이면 삼월입니다. 계단 여기저기에 인간에게 길이 든 꿀벌이 쓰러져 있습니다. 기온이 낮아 꿀벌의 날개 근육이 마비되었습니다.

꿀벌을 따뜻한 사무실로 데리고 옵니다. 정오쯤에 밖으로 데리고 나옵니다. 꿀벌은 서둘러 날아오릅니다.

다음 날 아침, 계단에 꿀벌 여러 마리가 보입니다. 해마다 봄철이면 꿀벌을 죽음에 이르도록 유혹하는 것은 무엇일까요? 그 옛날인가요? 굶주림인가요?

좋은
날에

잠투정하던 추위는 이제 조용합니다
골짜기를 따라 얼음이 낸 길을 구름이 가고
소금쟁이가 구름 위로 짝을 부릅니다
어리호박벌이 솔에 집을 짓고
애송이 티 막 벗은 잎이 연한 눈길을 줍니다
꿀벌이 옵니다
쇠뜨기가 줄지어 일어납니다
꿀벌이 쇠뜨기를 꽉 움켜잡습니다
갑니다
가 버립니다

모시나비와 큰주홍부전나비

모시나비가 하늘을 향해 매달립니다. 손이 자꾸 풀리는지 쇠스랑개비를 되잡고 되잡습니다. 날개에는 열심히 살아온 흔적이 그대로 남아 있습니다. 몸을 가늘게 떨고 있으면서도 다가서는 저를 의식하고 싫은 기색을 내는 것 같아 서둘러 사진을 찍고 자리를 뜹니다.

같은 장소 같은 시간, 큰주홍부전나비가 하늘을 봅니다. 갑자기 몸을 튕겨 하늘로 오릅니다. 다가오는 암컷을 쫓습니다. 해를 닮은 노랑 빨강 추억을 비늘 속속들이 새겨 넣을 자세입니다.

모시나비는 한적한 길가에서 모시 자락처럼 하느작하느작 날개를 흔들기도 하고 바람을 타고 부드럽게 활강하기도 합니다. 유달리 저에게만 그러는 건지는 모르겠지만 가까이 다가가는 걸 몹시 싫어합니다. 속으로 '별것 없네.' 하고 생각하기 때문이 아닐까요. 제 마음을 사물들이 다 읽고 있다는 생각이 듭니다.

제가 좋아하는 큰주홍부전나비는 가까이 다가가도 몸을 피하지 않습니다. 역시, 큰주홍부전나비입니다! 그런데 혹, 큰주홍부전나비가 제 존재 자체를 아예 무시해 버리는 건 아닐까요?

스미고
스미고

송화 오르는 날

나긋나긋 모시나비

한 보름

누운 쇠스랑개비

가늘게 스미는 골바람

차고 솟는 큰주홍부전나비

해를 쏘아대고

잎에 스미는 물기슭

실잠자리

실잠자리 셋이 있습니다. 짝짓기 예비 동작으로 수컷에게 가슴을 허락한 암컷이 태연히 식사합니다. 밥이 있고, 사랑이 있고, 또 하나는 먹히고 있습니다. 방울실잠자리는 가물가물 축축 늘어집니다.

실잠자리는 신비한 모습을 하고 있습니다. 날 때는 조용하면서도 우아하고 품위가 있습니다. 죽음을 모르는 생명체라는 느낌을 받습니다. 실잠자리도 사랑을 하고 밥도 먹고 죽음이라는 것을 타고 사라집니다.

다 그런 건가 봅니다. 무생물이라도 영원하지 않지요. 나고 죽음이 없는 변화만 있을 뿐입니다.

잠자리는 실잠자리와 왕잠자리 두 무리로 나뉩니다. 실잠자리는 말 그대로 배 부분이 실 굵기 정도로 가는 작은 잠자리입니다. 흔히 볼 수 있는 머리가 둥글고 비교적 큰 잠자리는 왕잠자리이지요.

둘을 날개 생김새로 비교해 볼까요. 앞뒤 날개가 같은 형태일 경우에는 실잠자리이고, 다르면 왕잠자리입니다. 두 잠자리의 어린 벌레는 물속에서 호흡을 합니다. 배 끝에 나뭇잎처럼 생긴 아가미가 있으면 실잠자리이고, 없으면 왕잠자리입니다.

나고
나고

먹고, 사랑하고, 하고

죽어

흩어져 만물이 되었다가

심심하면 모여

꺾꽂이로 난 새끼 배롱나무가 어미 마음을 알지 못하듯

나를 기억할 수 없는 나로

나고, 나고, 나고

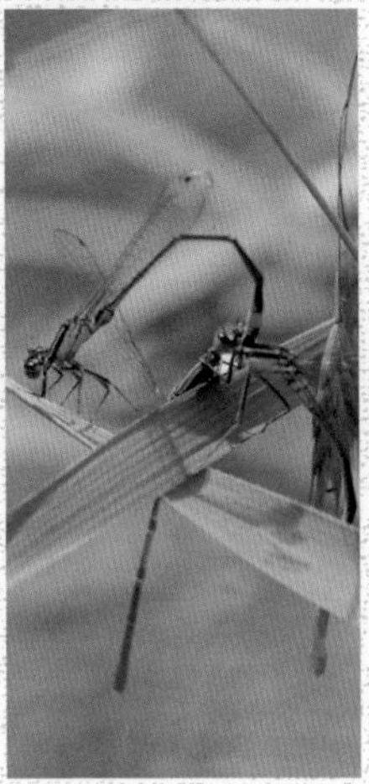

곱게 물들여야 하는데

부모님을 뵈러 고향 집으로 갑니다. 단풍철인가요. 맞은편에서 오는 차가 길을 빼곡히 메웁니다. 나이가 젊든 들든, 모두가 잎이 늙어 아름답다나요. 그렇다면! 저도 제 안과 밖을 모두 곱게 물들여야 할 터인데. 기대와는 달리 제 마음과 몸은 날로 쪼그라듭니다.

부모님은 자주 오지 말라고 하십니다. 제가 운전을 해야 하는 것도 그렇고. 제가 하는 걱정들이 거슬리는 모양입니다. 늘 어른이시니까요.

고개를 넘어오면서 갑자기 집게 생각이 납니다. 몸이 자라면 집을 갈아타야 하는 집게. 일반 게와는 달리 집게는 다리와 머리 부분을 제외한 몸통 대부분이 집 밖으로 나오는 일이 거의 없습니다. 몸통이 부드럽고 약해 조금이라도 낯선 환경에 노출이 되면 집게의 몸과 마음이 편하지 않습니다.

간섭하기도 싫고 간섭받기도 싫고……. 홀로 사는 사람들이 늘어나고 있습니다. 집게를 닮아가나 봅니다.

집게

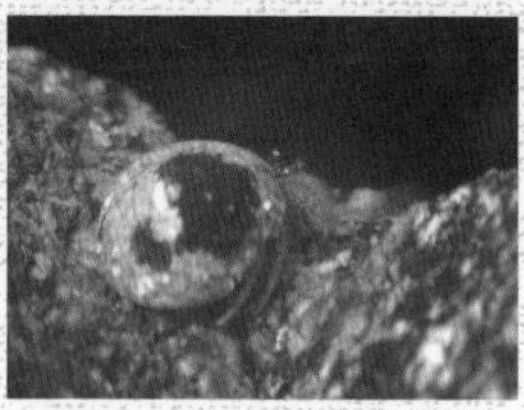

집에 살다

집에 가요

집

집에서

운명론자는 아니지만

어머니가 꾸셨다는 태몽에 저는 박각시 애벌레였습니다. 이 애벌레를 시골에서는 깻망아지 혹은 팥망아지라고 부르기도 합니다. 몸집이 크고 꽁무니에 꼬리 하나를 달았습니다. 힘이 좋아 건들기라도 하면 망아지처럼 심하게 날뜁니다.

저도 엉덩이에 뿔이 난 망아지였습니다. 다 자라 오동나무에서 떨어진 박각시 애벌레를 도랑물에 빠트려 죽이려고 했더니, 아버지가 그러면 못쓴다고 하셨던 일이 지금도 생생하게 떠오릅니다. 부모님 모두가 제가 학위논문으로 박각시 애벌레에 대해 쓰게 될 걸 일찍이 아셨던 것 같습니다. 저는 지금까지 벌레로 먹고 삽니다.

바람길

정성으로 찍은 벌레 사진
컴퓨터에서 지우기를 누른다
다 차 낡아 버린 바람을 버리듯
잠시 망설이다 쓰레기통을 비운다
찍고 지우고
저장하고 기억에서 지워지고
생생한 기억이란 무언가를 해야 한다는
바람이 남지 않는 길을 내듯
한곳에 머물 수 없는
오늘은 어디로 갈까

옛날 옛적에 불가사리는

옛날 옛적에 불가사리는 밤나무에서 살았습니다. 올해도 불가사리는 밤톨을 보호하는 임무를 무사히 마칩니다. 인간은 모두가 한통속입니다. 밤을 줘서 고맙다는 말은커녕 불가사리가 가시 세워선 자기들을 마구 찔러댄다며 모두 피합니다.

불가사리는 허망했습니다. 그럭저럭 마음 달래며 살아 보려고 했습니다. 어느 날 그 인간들이 불가사리를 한 곳으로 끌고 가더니 불을 지핍니다. 잘 죽지 않는 불가사리를 태워 죽여야 마땅하답니다.

하늘이 불가사리를 도우려는지 이 가을에 큰비가 내립니다. 불가사리는 어디라도 좋으니 이곳을 떠날 계획을 세웁니다. 일부는 그냥 남기로 합니다. 도랑물을 타고 강으로 갑니다. 계속 구르고 급류를 타고 굴러 바다에 이릅니다. 여행은 찬 달이 기울어 다시 찰 때까지 계속됐습니다.

불가사리는 몸에 난 가시 일부를 걸어 다니기 위한 촉수로 개조합니다. 이제는 '행복할 일만 남았구나.' 하고 생각했습니다. 그런데 웬걸요. 또 그 인간이 자신들의 먹을거리를 축내고 바다생태계를 파괴한다고 불가사리를 괴롭힙니다. 지구를 오염시켜 불가사리 수를 늘어나게 한 범인이 인간이면서도 인간은 제 잘못을 불가사리에게 떠넘기고 있습니다. 인간은 편견을 얽어 놓은 이성이라는 것을 가진 종이 분명한가 봅니다.

나방

플라스틱 지붕 위 따다닥 따다닥
새벽 벌레를 쫓는 까치 발소리
어지럽게 튀는 나방
졸지에 먹히는 나방
소 커다란 눈망울 애써 외면하고
식당에서 닭고기를 먹다 배가 차 좀 남겼다
어미 닭은 병아리를 돌보고 장닭은 암탉을 위하니
삶을 알고
벌레는 정성으로 짝을 찾고 알 낳을 곳을 가리니
삶을 안다
그래도 내 삶은 모두보다 위에 있지
죽어 바람에 뒹구는 벌레를 본다
벌레는 벌레니까 밟히겠지

등에가 찾아오면

저는 될 수 있으면 벌레를 죽이지 않습니다. 그러나 혹시라도 만나면 의식적으로 죽이게 되는 종이 몇 있습니다. 이 중 하나가 등에라고 부르는 파리입니다. 암컷은 동물의 피를 빨아야 건강한 알을 낳습니다.

여름철 낮에 습지를 끼고도는 길을 천천히 걷다 보면 등이며 다리에서 생살이 찢어지는 아픔을 느낍니다. 순간적이기는 하나 무척 따갑습니다. 수차례 경험을 한지라 통증이 있는 부위를 손바닥으로 사정없이 내려칩니다. 기어코 피 맛을 보려 하니 등에를 제거할 수밖에요.

무작정 살을 째야 직성이 풀리는 습성을 보면 등에는 가죽이 두터운 동물 피를 빨도록 진화한 것 같습니다.

소에 내내 붙어사는 파리도 있습니다. 사진에 나오는 등에의 모습과는 달리 집파리를 닮았습니다. 떼로 달라붙어 뾰족한 입으로 쇠가죽을 찔러대면 그 부위에 경련이 일어납니다. 소는 심한 통증을 느끼나 봅니다. 소는 꼬리를 척척 흔들어 보지만 아픈 부위에는 닿지 않습니다. 손이 필요합니다.

너를
만나

오래 걸리지 않았다

허리가 닿을 듯 종종종

걸음걸이를 같이 한다

오래 가지 않아

짝

주저앉는다

아프지 않다

시간이 멎는다

등에 사랑

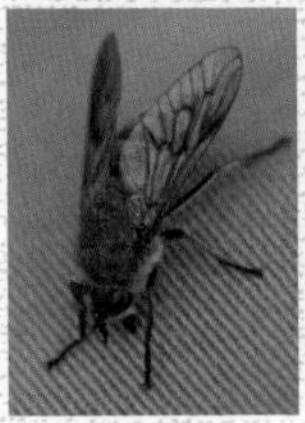

절대강자라고요

벌레 세계에서 사마귀를 절대강자라고 부르곤 합니다. 그것은 성체 사마귀가 개구리나 큰 나방을 앞발로 잡고 마구 뜯어먹는 것을 우연히 본 사람들이 하는 이야기일 뿐입니다.

사마귀는 힘들게 삽니다. 사마귀가 어린 시기를 무사히 보냈다고 치지요. 이제 사마귀는 감히 덤빌 벌레가 없을 정도로 크고 강한 성체가 되었습니다. 암컷이 배가 불러 알 낳을 적당한 장소를 찾아 도로로 나옵니다. 그러다 사람 발길과 차바퀴에 납작하게 눌리는 경우가 많습니다. 다행히 사마귀가 무사히 알을 낳았다 하더라도 알을 노리는 천적이 많습니다.

사진 속 장면은 누군가 민달팽이에게 총을 난사한 것처럼 보이지만 실은 알 기생벌이 사마귀 알을 먹고서 알집을 뚫고 나온 흔적입니다. 구멍마다 기생벌 한 마리씩 나옵니다. 사마귀 알은 전멸입니다. 또 다른 한 컷은 건어물이나 표본을 먹는 무리인 수시렁이가 왕사마귀 알을 몰살시킨 모습입니다.

사마귀가 큰 메뚜기를 낚아챕니다.

"역시 지존!"

사마귀는 모처럼 배를 채울 수 있는 먹을거리를 구했을 뿐입니다.

산 정상에 오른 사람이 기어서 산을 내려오자 언론이 호들갑을 떨지요.

"정복했다!"

인간은 순간을 영원시하거나, 평범한 인간을 영웅이나 절대강자인 신으로 만들려고 하는 속성이 있습니다. 나름 살아가는 데 힘이 되기는 하겠지요.

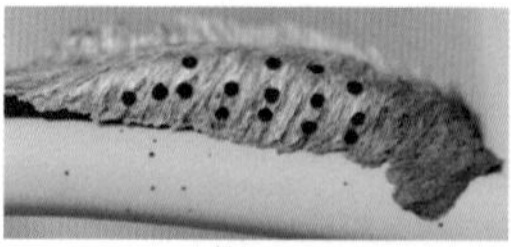

봄 가뭄

뿌리가 탄다
삼사월에는 우리
패러글라이더를 타고
높이 올라 과냉각된 물분자에 충격을 주자
암굴에서 기생자가 물분자 사이에 끼워 둔
영양분이 내리게 해서 땅을 기름지게 하자
생명이 올곧게 자랄 수 있게 하자
봄 가뭄이 영원히 사라질 때까지
패러글라이딩을 하자

과일을 좋아하는 초파리

아침에 먹다 남긴 자두를 먹으려는데 속이 붉은 자두 속살과 매우 대조를 이루는 흰색 물체가 보입니다. 사진 몇 장을 찍어 컴퓨터에서 확대합니다. 방충망 씨줄과 날줄 사이를 미끄러지듯 통과하는 초파리가 낳은 알일 수도 있지요. 초파리는 신 과일과 식초를 좋아합니다. 막걸리도 무척 좋아합니다.

워낙 크기가 작아 알아채지 못하고 초파리를 먹는 경우도 있겠지요. 몸속으로 들어온 초파리는 어떻게 될까요. 초파리 구더기는 위산을 견뎌야 하고 호흡을 해야 합니다. 호흡할 특별한 장치가 없으니 위 속에 들어가면 초파리는 결국 죽습니다. 우리는 덕분에 달콤한 과일과 함께 구더기로부터 나온 아미노산과 지방을 조금 얻습니다.

파리 중에는 사람 피부 안으로 파고들어 가 생살을 파먹고 사는 종이 있습니다. 어떤 파리는 상처 난 부위에서 죽은 살점만 먹어 치워 피부 궤양이나 상처 치료용으로 이용됩니다. 구더기 시술요법이 등장한 지도 꽤 됐습니다.

술친구

초파리 몇 모시고

막걸리 딱 한 통

날개를 잃어

톡 청개구리인 양

톡 톡톡

한 분은 걸쭉하게 잔을 탄다

철퍼덕

철퍼덕

난다 난다

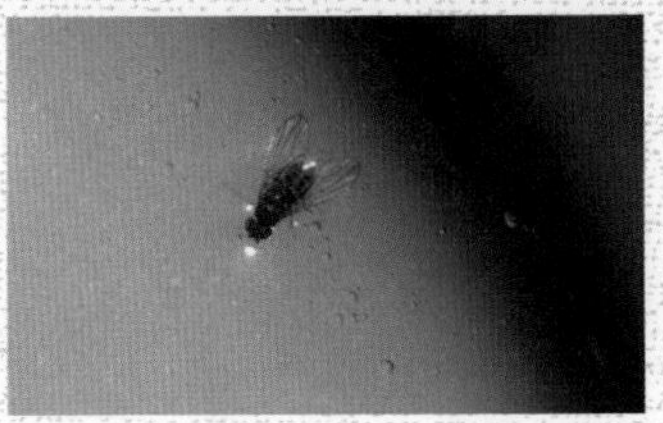

지금

고대 한 왕이 미라로 거듭나 영생을 얻습니다. 그 왕은 지금 이국 도굴범들의 박물관에 북어처럼 누워 있습니다. 절대적인 믿음인 영생을 만 가지 믿음이 내려다봅니다.

생명이 죽어 표본 한 점이 되어 영원한 삶을 얻을 수 있을지는 모르지만, 표본은 자기를 나타낼 줄도 모르고 말도 못 하고 사랑도 못 하고 질투심도 느끼지 못하고 삶을 말하지도 못합니다. 살아 있는 지금이 가장 중요하지요. 나중 일이 있다면 그때 가서 보고 결정해도 결코 늦지 않습니다.

바지락

눈을 뜨려는가

눈처럼 비 비처럼 눈

밖은 한창 북적인다지만

남향집 아늑한 방에서 꽃을 피우는 분재

관념 속 봄이 봄이겠지요

자연을 떠나

칼국수에 빠진 바지락

입과 생각을 크게 벌려봅니다

오감 육감 모두 쪼그라들어 있네요

내 발길

발길에 작은 풀잎이 스치는 소리에 놀란 한국민날개밑들이메뚜기(메뚜기) 암컷이 길가 풀숲으로 튀어 숨습니다.

마침 그곳에 있던 좀날개여치(여치) 수컷이 횡재라도 한 듯 메뚜기 뒷다리를 잽싸게 물어 버립니다. 둘은 서로 다른 생각을 하며 기회를 엿보고 있습니다. 섣부르게 움직이다가는 낭패를 봅니다.

한참 침묵이 흐릅니다. 옆에 지렁이가 쌓아 올린 환기구가 보이기에 한눈을 좀 팔았습니다. 메뚜기가 사라졌습니다. 몸이 있던 곳보다 조금 앞쪽에 메뚜기 뒷다리가 떨어져 있습니다.

메뚜기는 하나 남은 뒷다리로 생에 마지막 도약을 하면서 다리를 끊고 도망을 갔습니다. 메뚜기가 두 번씩이나 죽을 고비를 넘겼을 것이라는 생각을 합니다.

여치는 다 잡은 먹이를 놓쳐 황당한지 제자리에 얼어붙었습니다. 메뚜기 뒷다리 냄새를 맡고 작은 개미가 떼로 몰려듭니다. 여치 다리를 개미가 슬쩍 물어버립니다. 여치는 같은 자리에 머물 수 없습니다.

지금까지 제 발길이 이 이야기를 끌고 왔습니다. 홀로 존재하는 것은 없습니다. 사물 주변에서 무수히 많은 사물이 이야기를 주고받습니다.

눈 높은 안개

작은 방울 비가 뒤늦게 아랫마을에 이릅니다
버들강아지 노란 털에 곁쭉히 늘어져
가파른 산비탈을 거저 오릅니다
안개가 바다에서 산마루로 치달아 흰 데 덧칠합니다
얼굴이 발개진 진달래는 잠시 낮게 모입니다
시리게 눌려도 조릿대는 산을 보시시 감쌉니다
전나무 참나무 꼿꼿합니다
객은 말미잘처럼 차 안으로 오그라듭니다
눈 높은 안개는 머물 수 없습니다

큰주홍부전나비의 사랑 표현

큰주홍부전나비가 짝짓기를 하고 있습니다. 지금 큰주홍부전나비 암컷이 뒷다리로 수컷 배 끝을 살살 몇 번 긁고 있습니다. 조금 지나면 수컷이 암컷 배를 쓰다듬습니다. 꽤 오랫동안 지켜봤는데 둘이 번갈아 가면서 같은 동작을 반복합니다.

"예, 맞습니다. 벌레 나라에 발 들일 생각을 마세요. 죄다 거시기가 됩니다."

큰주홍부전나비 애벌레는 습지에 사는 소리쟁이를 먹고 자랍니다. 호수가 많은 지역이라 여름철 비가 많이 내리고 나면 큰주홍부전나비 걱정을 좀 합니다. 호수에 물이 차면 큰주홍부전나비와 소리쟁이 다수가 수장됩니다. 물이 다 빠지고 나면 큰주홍부전나비를 다시 볼 수 있습니다. 용케도 역경을 이기고 살아남았습니다.

"고맙다, 큰주홍부전나비야!"

알아서들

짝짓기하는 메뚜기

휴대전화 컴퓨터 덕에

잘 교육하세요

감추거나 윽박지르면 쓰나요

인간은 성을 꽉 움켜쥐고 태어나지요

잘 교육하세요

다들

알아서들

내 애들은 반듯하게 다 컸답니다

아마

아마도

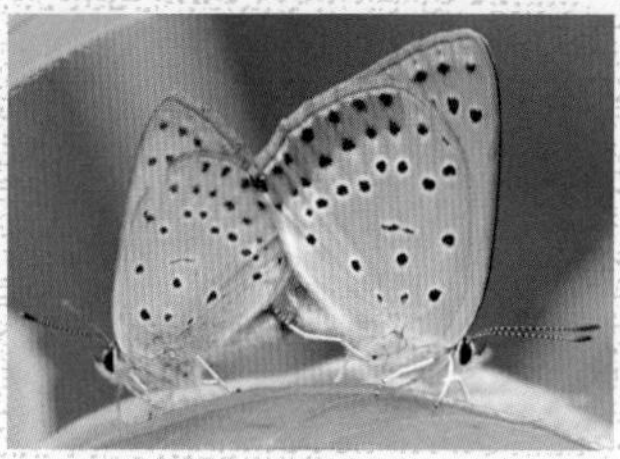

꽃등에

꽃등에는 파리입니다.

"음, 지저분한 녀석."

파리는 종류가 많습니다. 꽃등에 이름에 '꽃'이 들어갑니다. 꽃등에 애벌레는 식물 수액을 빨고 사는 진딧물을 먹습니다. 어른벌레는 꽃에서 살면서 꽃가루받이를 돕습니다. 작은 벌처럼 생겼지만 사람을 물지 않습니다. 독침이 없습니다. 인간이 만드는 불결한 곳에 꽃등에는 가지 않습니다.

꽃등에는 정교한 비행술사입니다. 쭉 앞으로 나아가다 뒤로 가고 한 곳에 멈춘 듯 정지비행을 합니다.

야외에 나가 꽃등에를 만나면 손가락을 가만히 내밀고 기다려 보십시오. 우주가 주는 축복을 받을 수도 있습니다.

꽃등에의 만남

우리가 날아다니고 있는 건 맞나

응

몇 번째야

연달아 추락하고 치솟기를

아직

보따리

장구애비가 급하긴 급했나 봅니다. 온통이 물인데 몸을 닦지도 않고 만납니다. 긴 숨관이 꽁무니에 있어 물속에서 만남이 가능할 터인데 밖으로 튕겨 나왔습니다. 아마도 만남이 너무 격렬했나 봅니다.

국보 제135호으로 지정된 『혜원전신첩』의 「이부탐춘」 한 점에 시선을 한 두어 달 두게 되었습니다. 그림을 배운 적이 없고 조선 풍속에 대해 아는 바가 적으나 감히 말하고 싶은 것이 있습니다.

먼저 한눈에 들어오는 개가 파격적인 자세를 취하고 있어 시선을 변방으로 끌어내는 역을 잘 수행합니다. 참새와 꽃도 한통속이 되어 같이 행동합니다.

핵심을 담은 부분으로 이동을 해보지요. 소나무에 걸터앉은 소복 입은 귀부인이 양발을 180도로 벌립니다. 좋게 누운 자세라고 생각하면 편합니다. 그림을 이해하는 데 가장 중요한 실마리가 되지요.

귀부인 가랑이 사이에 달걀 모양을 한 오름이 있습니다. 예술가는 귀부인 상체를 옆으로 살짝 기울여 다리를 들어 올린 것처럼 착시를 유도합니다. 오름은 신체 구조상 귀부인 허벅지가 될 수 없습니다. 양발이 땅을 딛고 있으니까요. 이 묵직하면서도 탱탱하게 살아 있는 오름은 보따리이거나 의도적으로 치마를 말끔하게 부풀린 것입니다. 왜 혜원이 치마 위에 거시기를 연상하게 하는 보따리를 올려놓았을까요?

귀부인 옆에 바짝 선 처자가 답을 주고 있지는 않을까요? 이를테면

양손으로 보따리를 움켜잡는 그 순간 그 은밀하고 그윽한 놀이!

처자의 어깨와 몸통에 바짝 붙은 팔을 통해 묘한 기운이 분출하고 있으나 딴전을 부리는 처자 표정을 좀 보십시오. 귀부인은 능글맞습니다. 혜원은 표정과 몸 연기에 달인입니다.

주제에서 좀 벗어나지만 땅에 거의 닿듯 겨우 몇 잎 달랑 남은 수구세력의 지조가 개구멍과 마주보기를 하고 있다는 사실을 가볍게 보아 넘기기에는 석연치 않은 점이 많습니다. 억압된 성, 수절, 재가, 이부탐춘, 과부, 동성애, 춘화라는 용어로는 작품의 껍데기만 보는 것이라고 생각합니다.

살이 바닥에 닿기까지

시위를 끝까지 당겨

조금만

더 더

살이 하늘로 올랐다

쏴

쫙

가늘게 낙하한다

가늘게

툭

옷 입는 소리

누구인가 목욕을 방금 끝냈는지 옷 걸치는 소리가 숨넘어갈 듯 작게 들립니다. 곁눈으로 훔쳐보니 연록 물방울 몇 개를 달고 거꾸로 서 속이 비치는 날개옷을 입고 있습니다. 조심해야 합니다.

한 고독한 시인이 눈이 내리는 소리가 먼 여인이 옷 벗는 소리와 같다고 했던가요.

세속에 푹 젖은 저는 백사를 자꾸 거시기 그 백사로 여기는데, 바로 이항복이 가장 듣기 좋은 소리가 여인이 옷을 벗는 소리라 했답니다.

사진에서 메뚜기는 스스로 허물벗기를 거의 다 끝내고 있습니다.

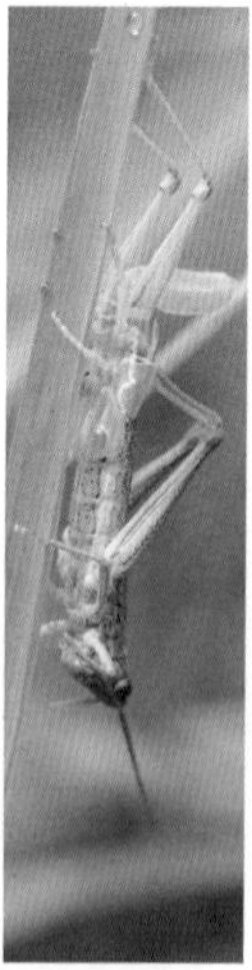

벗길
때에는

들키지

않고

은밀한 곳에

가서

가서유

벗겨유

서두르면 낭패 볼 수 있어유

천천히

심호흡

천천히

속살이 익을 때까지

부드럽고

탄력

착

착 착이유

착

오르는 속살

허물을 여유 있게 벗겨야 뒤탈이 없어유

여섯 다리를
지켜보면
세상이 보입니다

초판 1쇄 인쇄 2019년 8월 25일
초판 1쇄 발행 2019년 8월 30일

지은이 | 박용철
발행인 | 이선애

디자인 | 채민지
교　정 | 박숙경

발행처 | 도서출판 레드우드
출판신고 | 2014년 07월 10일(제25100-2019-000033호)
주소 | 서울시 구로구 항동로 72, 하버라인 402동 901호
전화 | 070-8804-1030　　팩스 | 0504-493-4078
이메일 | redwoods88@naver.com
블로그 | blog.naver.com/redwoods88

값은 뒤표지에 있습니다.
ISBN 979-11-87705-18-5 03470

+ 당신의 상상이 한 권의 소중한 책이 됩니다.
  지혜를 나눌 분은 원고와 아이디어를 redwoods88@naver.com으로 보내 주세요.